事件触发弹性预测控制
方法及应用

贺 宁 李慧平 著

科学出版社

北 京

内 容 简 介

本书阐述了事件触发弹性预测控制方法及应用，力图结合非周期采样特征构建输入重构机制以确保信息物理融合系统在抵御网络攻击的前提下减少资源消耗。内容主要包括安全网络环境下事件触发预测控制方法的开发、网络攻击下弹性事件触发预测控制方法的设计与论证、弹性事件触发预测控制方法实验验证等。

本书可供高等院校机械工程、控制科学与工程等专业的研究生及教师阅读，也可供相关学科的科技工作者、专业技术人员参考。

图书在版编目(CIP)数据

事件触发弹性预测控制方法及应用/贺宁，李慧平著. —北京：科学出版社，2024.6
　ISBN 978-7-03-077358-6

Ⅰ.①事⋯　Ⅱ.①贺⋯　②李⋯　Ⅲ.①自动控制系统　Ⅳ.①TP273

中国国家版本馆 CIP 数据核字(2024)第 001818 号

责任编辑：杨　丹/责任校对：崔向琳
责任印制：赵　博/封面设计：陈　敬

科学出版社 出版
北京东黄城根北街 16 号
邮政编码：100717
http://www.sciencep.com
北京厚诚则铭印刷科技有限公司印刷
科学出版社发行　各地新华书店经销
*
2024 年 6 月第 一 版　开本：720×1000　1/16
2025 年 1 月第二次印刷　印张：11 3/4
字数：234 000
定价：128.00 元
(如有印装质量问题，我社负责调换)

前　言

模型预测控制（MPC）具有处理多变量系统输入/输出耦合、解析考虑系统变量物理约束等优势，已在石油化工、航空航天等领域的控制系统中得到了广泛应用。随着第四次工业革命推动信息物理融合系统（CPS）技术应用于各个行业，传统工业系统的被控对象、控制器及传感器等物理元件之间逐步改为通过网络层进行交互，利用网络资源进一步提升系统性能。然而，由于 CPS 所具有的开放性和融合性的特征，控制器和执行器在通过无线网络进行交互时不可避免地会受到网络攻击的威胁。此外，由于传统 MPC 需要周期性地求解最优控制问题并传输控制信号，增加了 CPS 的计算和通信负担，因此研究兼顾防御网络攻击和降低资源消耗的弹性 MPC 具有重要的理论和现实意义。

本书分别以线性系统和非线性系统为研究对象设计弹性事件触发 MPC 方法，遵循由简到易、理论支撑实践、实践验证理论的原则，系统性地论述了弹性事件触发 MPC 从方案设计、理论分析到实验验证的研究思路。本书结构划分为绪论（第 1 章）、安全网络环境下事件触发 MPC 方法的开发（第 2～4 章）、网络攻击下弹性事件触发 MPC 方法的设计与论证（第 5～9 章）以及弹性事件触发 MPC 方法实验验证（第 10 章）。在内容安排上，为了更好地刻画受控系统状态的动态变化，并且避免状态突变对系统性能的影响，加快动态响应速度，第 2～4 章分别针对线性系统和非线性系统开发了综合考虑多个连续采样瞬间系统状态误差变化的事件触发条件，包括基于状态误差的微分信息和比例积分微分信息，以在确保系统性能的前提下降低控制器的在线计算和通信负担，应用了时变的鲁棒状态约束和鲁棒终端域来处理随机扰动，并给出了保证算法可行性、闭环系统稳定性和避免芝诺效应的充分条件。第 5 章在考虑拒绝服务攻击前提下，针对存在附加扰动的线性系统构建了基于斜率的事件触发 MPC 方法，并对提出的事件触发 MPC 方法的弹性特性进行了分析论证，推导出了最大安全时间。兼顾网络安全和资源消耗问题，第 6～9 章设计了输入重构弹性事件触发 MPC 方法，其中基于自触发采样机制设计的输入重构机制不仅放宽了现有弹性 MPC 方法对攻击能量限制的假设，而且能显著降低 CPS 的网络资源消耗。第 10 章基于 Scout Mini 移动机器人实验平台对所提出的弹性事件触发 MPC 方法进行了应用实验，进一步验证了所设计方法的有效性。

　　本书是在国家重点研发计划项目（编号：2022YFC3802702）、国家自然科学基金项目（编号：61903291、62273281）、陕西省重点研发计划项目（编号：2022NY-094）的资助下开展的基础研究工作的总结，第 1～4 章由西北工业大学李慧平教授撰写，第 5～10 章由西安建筑科技大学贺宁教授撰写，并由贺宁教授负责全书的统稿工作。研究生马凯、拜博涛、张译文、范昭、李文倩、孙香香等参与了本书相关内容的整理、仿真分析和实验验证等工作。在此，也特别感谢西安建筑科技大学对本书前期研究工作的支持，以及科学出版社编辑的辛勤付出。

　　由于作者水平有限，书中难免存在疏漏和不妥之处，恳请广大读者批评指正。

作　者

2023 年 10 月

目 录

第 1 章 绪　　论

1.1　概　　述

模型预测控制（model predictive control, MPC）是一种通过使用显性过程模型预测系统未来响应的先进计算机控制技术[1]。MPC 基于系统模型和历史信息，在每个采样瞬间，通过求解一个带有输入/输出约束的最优控制问题（optimal control problem, OCP）获得一系列的控制输入，然后将获得的第一个控制样本应用于被控系统完成控制动作，并在下一个采样瞬间重复上述过程实现滚动优化，因此 MPC 也被称为后退时域控制[2]。2019 年，国际自动控制联合会（International Federation of Automatic Control, IFAC）关于先进控制技术对当前和未来的影响调查结果显示，当前 MPC 已成为仅次于比例积分微分（proportion, integral, and differential, PID）控制、系统辨识、估计与滤波的最有影响力的先进控制技术之一，未来，MPC 将超越其他控制技术，成为影响力第一的先进控制技术[3]。

由于 MPC 具有处理多变量系统输入/输出耦合、解析考虑系统变量物理约束等优势，在机器人、风能发电、工业自动化、航空航天等实际系统中得到了广泛应用[4-6]。例如，在机器人动力学控制中，MPC 可以根据机器人当前的状态和目标来计算最优的控制输入，以使机器人能够实现精准的姿态控制和位置移动[7]；在风能发电控制中，MPC 可以根据现有的风速和所预测的未来风速，调整风机的转速、桨叶角度和发电机的电压、功率因数等变量，使风能发电系统的输出功率最大化，减少风力发电系统的成本[8]；在航空发动机控制中，MPC 通过建立数学模型，对发动机的燃烧过程、热力学等因素进行建模，根据所需要的性能指标进行优化控制，提高系统稳定性和精度，同时减少资源消耗和成本[9]。

近年来，随着信息科学技术的快速发展，工业化和信息化深度融合促生出的信息物理融合系统（cyber-physical system, CPS）成为支撑和引领新一代产业变革的核心技术[10,11]。基于 CPS，传统工业系统和网络控制技术实现了深度融合，已发展成多学科技术交叉的智能自主工业系统。如图 1-1 预测控制结构框图所示，现代智能自主工业系统的被控系统、控制器及传感器等物理元件之间通过网络层进行交互，进一步提升了系统性能。在 CPS 的分析、综合、设计和实施中，控制理论和方法在协调所有相关功能以最优性能完成规定任务方面起着关键性作用。MPC 作为善于处理复杂约束的先进控制技术，广泛应用于带有复杂约束的 CPS，如飞行器[12]、机器人[13] 等。

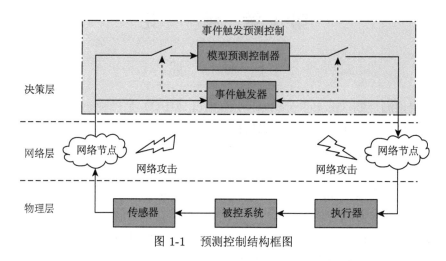

图 1-1　预测控制结构框图

然而，基于 MPC 的 CPS 通常也会受到包括通信和计算资源限制的影响。首先，对于通信资源，CPS 需要在每个采样瞬间通过无线网络实现控制器、传感器和执行器之间的通信，但无线网络通常只有有限的通信带宽，尤其是当多个设备共享一个网络通道时，可用的通信资源极为有限[14]；其次，对于计算资源，传统周期 MPC 需要在每个采样瞬间都进行 OCP 的求解，因此相比于其他控制方法可能需要更多的计算资源[15]，尤其是当被控物理系统维数变大时，CPS 的计算负担将进一步加大。

此外，由于上述控制系统的网络层在反馈回路中引入开放网络，控制信号、测量值等信息在传输中特别容易受外界攻击者的影响，进而对其造成损害或重大破坏。依据在系统中产生的影响可以将网络攻击分为欺骗攻击和阻断攻击。欺骗攻击以破坏数据完整性为目标，通过篡改通信通道传输的正常数据来实现攻击动作，如虚假数据注入（false data injection, FDI）攻击和重放（Replay）攻击；阻断攻击以破坏数据可用性为目标，通过阻塞信道或捕获信号来中断正常通信，如拒绝服务（denial of service, DoS）攻击和干扰攻击。其中 FDI 攻击是在网络层修改传输的数据，使被攻击系统性能显著下降，所以它比其他类型网络攻击（如DoS 攻击）更加危险和复杂。此外，被恶意篡改的数据包中包含的误导信息不仅会对系统性能造成破坏，而且具有一定的隐蔽性[16,17]。近年来网络攻击报道屡见不鲜。例如，国家互联网应急中心监测发现，2022 年 2 月下旬以来，我国互联网持续遭受境外网络攻击，境外组织通过攻击控制我境内计算机，进而对俄罗斯、乌克兰、白俄罗斯进行网络攻击 [18]。

因此，针对存在资源受限和网络攻击的 CPS，尤其是较为复杂的非线性 CPS，开发可以降低资源消耗和抵御网络攻击的事件触发及弹性预测控制方法，具有重要的理论价值和现实意义。

1.2 预测控制和事件触发

1.2.1 预测控制

MPC 最突出的特点是"滚动优化"，且对模型的精确性要求较低，因此能够有效地应用于对复杂对象的控制。其具体控制过程可以概述为：在每个采样时刻在线求解 OCP，并将求解得到的控制输入的一部分应用到系统，在下一个时刻用测量得到的状态值刷新 OCP 并重复求解，如此"滚动"地求解 OCP 直到完成控制目标。这种基于 OCP 的预测模式能达到最优控制效果并且可以显式地处理各种约束，可见"预测"是实现预测控制许多优良特性的核心功能。由其控制过程可以发现，基于预测和优化的 MPC 方法具有以下显著特点：① 能够显式地处理系统状态约束和控制输入约束；② 以优化为核心，会在一定程度上获得最优性能；③ MPC 本身具有一定的内在鲁棒性 [19-21]，并且鲁棒预测控制方法可以增强其对外界扰动、参数不确定性和噪声的鲁棒性；④ 产生并充分利用前瞻性预测，提高性能。基于上述特点，MPC 在复杂 CPS 控制领域得到了广泛的应用。

本小节以式 (1-1) 所示的连续时间非线性系统为例，简要介绍周期 MPC 方法的基本原理：

$$\dot{x}(t) = f(x(t), u(t)) \tag{1-1}$$

对于 $t \in \mathbb{R}$，满足 $f : \mathbb{R}^n \times \mathbb{R}^m \to \mathbb{R}^n$。式中，$x(t) \in \mathbb{R}^n$，表示系统状态；$u(t) \in \mathbb{R}^m$，表示输入变量。分别满足以下约束：

$$x(t) \in \mathcal{X} \subseteq \mathbb{R}^n, \quad u(t) \in \mathcal{U} \subseteq \mathbb{R}^m \tag{1-2}$$

MPC 的有限时域代价函数（或称目标函数）可以设计为

$$J\left(x\left(t_k\right), u\left(t_k\right)\right) = \int_{t_k}^{t_k + T_p} \left(\|x(\xi; t_k)\|_Q^2 + \|u(\xi; t_k)\|_R^2 \right) \mathrm{d}\xi + \|x\left(t_k + T_p\right)\|_P^2 \tag{1-3}$$

式中，正定对称矩阵 Q 和 R 为运行代价权重矩阵；正定对称矩阵 P 为终端代价权重矩阵；T_p 为预测时域。可以看到代价函数是由描述期望控制性能的关于状态和输入的有限时域二次型函数以及在有限时域最后时刻用来描述终端状态的二次型函数构成，这种结构有助于分析系统的稳定性和控制性能。基于式 (1-3) 定义的代价函数，OCP 可以描述为在任意时刻 t_k，$k \in \mathbb{N}_{\geqslant 0}$，对于给定的系统状态 $x(t_k)$，通过最小化代价函数 $J(x(t_k), u(t_k))$ 来获得最优控制输入 $u^*(\xi; t_k)$ 及其对应的最优状态轨迹 $x^*(\xi; t_k)$，$\xi \in [t_k, t_k + T_p]$。可以通过以下公式化的语言来描述这一问题：

$$u^*(\xi; t_k) = \arg\min_{u(\cdot)} J(x(\xi; t_k), u(\xi; t_k)) \tag{1-4}$$

s.t.

$$\dot{x}(\xi; t_k) = f(x(\xi; t_k), u(\xi; t_k)), \quad \forall \xi \in [t_k, t_k + T_p] \tag{1-5}$$

$$u(\xi; t_k) \in \mathcal{U}, \quad x(\xi; t_k) \in \mathcal{X}, \quad \forall \xi \in [t_k, t_k + T_p] \tag{1-6}$$

$$x(t_k + T_p; t_k) \in \Phi \tag{1-7}$$

式中，$\Phi = \left\{ x \in \mathbb{R}^n : x^{\mathrm{T}} P x \leqslant \varepsilon^2, \varepsilon > 0 \right\}$，表示终端域，其与终端代价权重矩阵 P 可以离线计算得到。文献 [5] 为计算 P 和 Φ 提供了行之有效的方法。

下面对 OCP 需要满足的约束条件分别进行阐述。

（1）约束式 (1-5) 表示系统状态必须满足系统动态模型。根据预测控制的基本原理，控制器在每个采样时刻以系统当前时刻的状态值作为预测未来动态的初始值，即 $x(t_k) = x^*(t_k; t_k)$，换言之，在每个采样时刻测量得到的状态值都被用于刷新 OCP，这构成了预测控制器中的反馈机制。

（2）约束式 (1-6) 表示系统状态和输入应该分别在约束集 $\mathcal{X}$ 和 $\mathcal{U}$ 之内，这是系统的固有约束。

（3）约束式 (1-7) 被称作终端约束，和终端代价构成了保证系统在原点附近的渐进稳定性的基本要素。需要强调的是，与系统固有的约束式 (1-6) 不同的是，终端约束式 (1-7) 是人为设计的不等式约束，作用是迫使系统状态在预测时域的最后时刻回到平衡点的一个预设邻域 Φ 之内。

求解 OCP 式 (1-4) 可以得到最优控制输入 $u^*(\xi; t_k)$，$\xi \in [t_k, t_k + T_p]$，它是一个长度为 T_p 的序列。按照预测控制的基本原理，在实际控制中只将该序列中的第一个值应用到系统中 [22]，之后在 t_{k+1} 时刻基于当前的实际状态重新求解

OCP 并应用得到的最优控制输入，如此"滚动"地求解 OCP 直到完成控制目标，其控制原理如图 1-2所示。

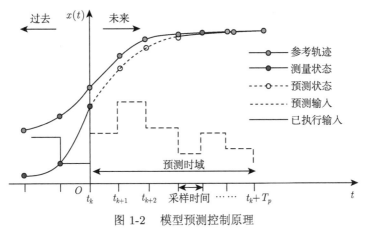

图 1-2 模型预测控制原理

1.2.2 事件触发

为了方便设计和分析,控制器通常采用周期控制方法,意味着在整个控制过程中需要保持较小的采样周期来保证理想的控制性能[23]。网络化控制系统计算资源和通信资源有限，这种周期控制方法毫无疑问会导致计算资源浪费和网络通信拥堵[24]。因此，为了减少系统资源的浪费，众多学者对基于事件的非周期控制进行了大量的研究。依据不同的触发方式，其可分为事件触发控制（event-triggered control, ETC）[24-28] 和自触发控制（self-triggered control, STC）[29-33]，其中后者可以理解为前者的一种扩展[34]。接下来将分别阐述这两种非周期控制的基本原理和设计思路。

1) ETC

ETC 系统的结构如图 1-3所示。

下面以式 (1-8) 所示的线性时不变（linear time invariant, LTI）系统为例简要阐述 ETC 的基本原理：

$$\dot{x}(t) = Ax(t) + Bu(t) \tag{1-8}$$

式中，$x(t) \in \mathbb{R}^n$，$u(t) \in \mathbb{R}^m$，分别表示系统状态和控制输入。假定系统控制器是一个局部状态反馈控制器 $u(t) = Kx(t)$，其中矩阵 K 使得 $A + BK$ 是 Hurwitz 矩阵。定义 t_k 是由 ETC 决定的状态传输时刻，当 $t \in [t_k,\ t_{k+1}]$ 时，控制器以零阶保持（zero-order hold，ZOH）的形式给出，即

$$u(t) = Kx(t_k), \quad \forall t \in [t_k, t_{k+1}) \tag{1-9}$$

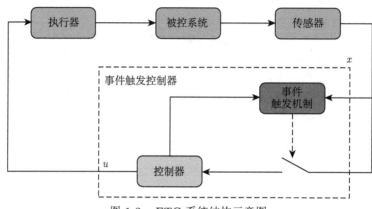

图 1-3   ETC 系统结构示意图

如上所述，事件触发机制通过判断触发条件来决定触发时刻 $t_k \in \mathbb{R}$，推导事件触发条件的一种常用方法是依据系统的候选 Lyapunov 函数，即 $V(x(t)) = x(t)^{\mathrm{T}} P x(t)$，其中 P 是使方程 $(A+BK)^{\mathrm{T}} P + P(A+BK) = -Q$ 成立的正定矩阵，并且满足 $Q > 0$。具体来说，只有在保证 Lyapunov 函数不递减时，才会传输传感器测量值。文献 [25] 中，触发条件被设计为

$$\|x(t) - x(t_k)\| \leqslant \sigma \|x(t_k)\| \tag{1-10}$$

式中，t 表示当前时刻；t_k 表示最新的触发时刻；$\sigma > 0$，表示可设计的常量参数。具体来说，在当前时刻 t，触发机制根据触发条件式 (1-10) 检查当前状态测量 $x(t)$ 与最近一次采样状态 $x(t_k)$ 之间的误差是否超过一定的阈值，如果在 t 时刻条件式 (1-10) 不被满足，则事件触发机制设置通信时间为 $t = t_{k+1}$，并向控制器发送 $x(t_{k+1})$。文献 [25] 已经证明触发条件式 (1-10) 可以保证 $\dot{V}(x(t)) \leqslant -a \|x(t)\|^2$，$\forall t \in \mathbb{R}$，其中 $a > 0$。

在控制系统中，事件触发机制通常被设置在被控系统处，监测状态以评估触发条件式 (1-10)，从而确定控制输入的传输时刻。仅当满足事件触发条件时，才执行控制动作并通过通信网络交换状态和控制输入，这样显然可以节省电池等供电设备的能量消耗。除了上面提到的 Lyapunov 稳定性条件，还有一些基于其他性能准则的事件触发条件，如基于输出反馈的 $\mathcal{L}_2$ 和 $\mathcal{L}_\infty$ 增益稳定性[24-28]、基于输入–状态稳定性（input-to-state stability, ISS）[35] 或基于状态反馈[36] 等。虽然本节考虑的是线性系统，但是针对非线性系统的事件触发机制也被相继提出，部分成果参见文献 [37]～[39]。

2）STC

由 ETC 的原理可知，其实现过程需要对触发条件进行持续监控。对于某些特殊的应用场景，这是一个合理的假设，可以通过专用设备来实现此目的。但实际情况并非总是如此，而且持续监控系统状态毫无疑问会带来不必要的监控成本，在这种情况下 STC 应运而生，并成为 ETC 的一个有效的扩展方法[31]。STC 系统的结构如图 1-4所示。

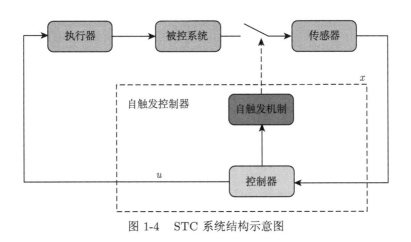

图 1-4　STC 系统结构示意图

STC 的下一个更新时间可以在上一次更新的时刻得到，具体来说，在每一个触发时刻 $t_k \in \mathbb{R}$，控制器可以根据当前的状态测量值 $x(t_k)$ 直接计算出下一个触发时刻 t_{k+1}，即

$$t_{k+1} = t_k + Z(x(t_k)) \tag{1-11}$$

式中，$Z(x(t_k)) : \mathbb{R}^n \to \mathbb{R}_{>0}$ 表示当前测量状态 $x(t_k)$ 和触发间隔 $t_{k+1} - t_k$ 之间的映射关系，是一个需要设计的函数。文献 [40] 中，映射关系 Z 是通过扩展事件触发条件式 (1-10) 构造的，之后许多自触发控制方法被提出，如基于系统 H_∞ 性能[32]、基于系统状态不变集理论[33] 和基于系统 ISS-Lyapunov 稳定性[41] 等。

综上所述，与事件触发机制相比，自触发机制的主要特点是控制器的下一个触发时刻可以根据当前的信息提前获得。这使得其具有需要较少状态信息的优点，但必要的系统状态信息的缺失使系统易受不确定性的影响，可能需要更多的计算量。因此针对具体的控制对象和控制任务，选择合适的触发机制才能达到稳定高效的控制目标。两种触发机制的采样/触发情况如 图 1-5 所示，其中黑色倒三角表示控制器在当前时刻被触发。

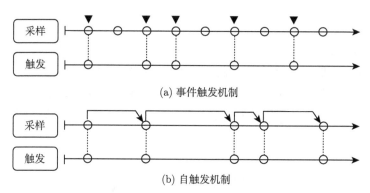

(a) 事件触发机制

(b) 自触发机制

图 1-5   事件触发与自触发机制采样/触发情况示意图

受 ETC 的独特特性推动，基于事件的非周期 MPC 越来越受到关注，近年来得到了充分的发展。

在周期 MPC 的基础上添加了事件触发机制之后，一个关键的问题就是需要保证非周期控制算法的可行性和闭环系统的稳定性。另一个具有挑战性的问题是分析系统的鲁棒性，它反映了模型不确定性或扰动对系统性能和稳定性的影响程度。如前所述，在 t_k 时刻求解 OCP 可以得到最优控制输入 $u^*(\xi;t_k)$ 和相应的最优状态轨迹 $x^*(\xi;t_k)$，$\xi \in [t_k, t_k + T_p]$。如果所研究的系统不含扰动和模型不确定性，则实际状态就是系统的最优预测状态，即 $x(t) = x^*(t)$，$t \in [t_k, t_{k+1})$。但如果系统存在扰动和模型不确定性，两者便不再相等。图 1-6 展示了基于两者误差的经典鲁棒事件触发模型预测控制（event-triggered model predictive control,

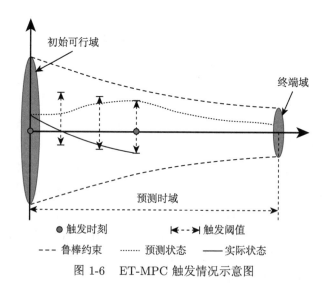

图 1-6   ET-MPC 触发情况示意图

ET-MPC）的触发情况。可见研究两者之间的误差对系统性能和稳定性的影响是一个有意义的方向，因为实际系统不可避免地存在扰动和不确定性，这也是本书的主要研究基础之一。

1.3 控制系统安全威胁

网络通信技术的发展给控制系统的设计带来了巨大变革，CPS 的出现更是将通信技术引入经典控制，以便于在远程工作场景中可以设计和操作大型复杂工业系统。与传统的控制系统不同，网络化控制系统中由于增加了通信设施与多样化的 IT 组件，其安全问题比传统控制系统安全问题更加的复杂，面临更多的安全威胁。网络化控制系统一旦遭到恶意破坏，将造成不可挽回的灾难性后果[42]，特别是在能源、电力、制造、航空、无线传感等领域，可能导致基础服务设施的大规模中断，给国民生活和社会经济带来不可估量的损失[10,43]。

网络化控制系统面临的安全威胁主要源于感知层、网络层和控制层三个方面。网络化控制系统感知层的传感器大多无法直接使用跳频通信及公钥密码等现有安全机制；网络层结构复杂、异构、开放，基于标准通信协议分布式地传输和处理信息，易受外部攻击。感知层和网络层不足，会使控制层易受入侵攻击，使控制指令延迟或失真，从而使 CPS 无法及时执行正确的任务，导致物理系统性能下降甚至失稳[44]。因此，尽管在计算机网络安全领域有丰富的研究成果，但网络化控制系统的实时性强、子系统的异构性、通信和控制系统之间复杂的交互机制使得网络化控制系统的安全问题与传统的计算机网络安全问题有很大的不同[45]。因此，有必要从控制的角度来研究 CPS 的安全性问题。常见的外部攻击有 DoS 攻击、FDI攻击、Replay 攻击等。接下来将分别阐述上述攻击的基本原理和攻击模型。

由于上述网络攻击一般出现在控制器至执行器（controller-to-actuator, C-A）通道或传感器至控制器（sensor-to-controller, S-C）通道，后续将结合攻击类型和位置综合分析。假设 $u(t)$ 为系统实际输入，$x(t)$ 为实际状态，$u_a(t)$、$x_a(t)$ 分别为攻击后的控制输入和状态，现有 DoS、FDI 及 Replay 攻击模型如下。

（1）DoS 攻击：主要以极大的通信量冲击网络，使得所有可用的网络资源都被消耗殆尽，最后导致网络通道阻塞，使执行器或传感器无法接收数据。

C-A 通道模型：

$$u_a(t) \rightarrow \beta_u(t)u(t) \triangleq u_a(t), \quad \beta_u(t) = \zeta_u(t)\phi_u^{\mathrm{d}} \tag{1-12}$$

S-C 通道模型：

$$x_a(t) \rightarrow \beta_x(t)x(t) \triangleq x_a(t), \quad \beta_x(t) = \zeta_x(t)\phi_x^{\mathrm{d}}, \quad \zeta(t) \in \{0, 1\} \tag{1-13}$$

式 (1-12) 和式 (1-13) 中，若 $\zeta = 1$ 则发动攻击，$\zeta = 0$ 保持静默；ϕ^{d} 为 DoS 攻击策略。

（2）FDI 攻击：主要指通过劫持物理设备、网络信道等实现对真实数据的篡改或攻击改变其原有的传送策略，造成数据失真、时延增大等后果而不被探测机制发现，进而影响系统的性能。

C-A 通道模型：

$$u_a(t) \rightarrow u(t) + a_u(x, u, t) \triangleq u_a(t), \quad a_u(x, u, t) = \zeta_u(t)\phi_u^{\mathrm{f}} \tag{1-14}$$

S-C 通道模型：

$$x_a(t) \rightarrow x(t) + a_x(x, u, t) \triangleq x_a(t), \quad a_x(x, u, t) = \zeta_x(t)\phi_x^{\mathrm{f}} \tag{1-15}$$

式 (1-14) 和式 (1-15) 中，a_u、a_x 分别为在执行器端和传感器端注入的攻击矩阵；ϕ^{f} 为攻击策略，即假数据生成方式。

（3）Replay 攻击：攻击者通过窃听并记录系统在一段时间内的通信数据，然后以一定的方式在特定的时间内重放已记录的历史信息。

C-A 通道模型：

$$u_a(t) \rightarrow u(t) + a_u(x, u, t) \triangleq u_a(t), \quad a_u(x, u, t) = \zeta_u(t)\phi_u^{\mathrm{r}}, \quad \phi_u^{\mathrm{r}} \triangleq u(t - \tau) - u(t) \tag{1-16}$$

S-C 通道模型：

$$x_a(t) \rightarrow x(t) + a_x(x, u, t) \triangleq x_a(t), \quad a_x(x, u, t) = \zeta_x(t)\phi_x^{\mathrm{r}}, \quad \phi_x^{\mathrm{r}} \triangleq x(t - \tau) - x(t) \tag{1-17}$$

需要说明的是，如果将上述被攻击之后的数据 $u_a(t)$ 和 $x_a(t)$ 直接应用于控制系统，则系统稳定性将无法保证，甚至会直接造成系统失稳。

1.4 弹性控制机制

1.4.1 弹性控制的定义

为使 CPS 在遭受到网络攻击时可以稳定运行，一个有效的解决方法是建立基于保护方法或检测方法的弹性控制方法 [2]。弹性控制是近年来随着计算机和数字化控制系统发展起来的新的研究方向，主要针对以运行效率和稳定性为目标的关键基础设施监测控制。这些控制系统具有多功能性和可靠性，但其复杂网状结构和人机交互中存在不利的环境和不确定性，为控制系统设计增加了重点参数的要求。弹性控制目标是在状态已知的基础上采取措施来确保系统安全[46]。现有的弹性控制研究主要集中在两个重要领域，即控制系统和信息技术领域[47]。与传统控制不同，弹性控制中的状态包含了维持控制最终目标所需信息，强调在不利和不确定环境下控制系统的设计且更侧重于复杂控制系统自身独特的相互依赖关系。控制系统的弹性控制考虑受到攻击时的生存能力，包括防御或减小威胁其存在的不安全因素；信息技术领域的弹性控制考虑受到攻击时计算和网络基础设施的信息传输质量及稳定性[48]。图 1-7 展示了弹性控制系统的性能变化曲线。

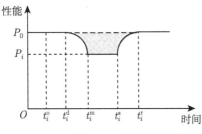

P_0: 系统初始性能
P_i: 由攻击 i 造成的最低性能
t_i^o: 攻击 i 发动时间
t_i^d: 系统性能开始下降时间
t_i^m: 系统性能降至最低点时间
t_i^s: 系统性能开始恢复时间
t_i^f: 系统性能完全恢复时间

图 1-7 弹性控制系统性能变化曲线

1.4.2 弹性控制的特性

为减小网络攻击等异常情况对控制系统的影响，弹性控制必须能减小不良事件发生的概率，并且具有预测、适应感知和回应的能力。这些能力越强，控制系统抗干扰能力也就越强。可通过增强以下 4 个方面来提高控制系统性能[49]。

（1）预测性。弹性控制系统必须能够预测干扰和威胁。通过主动而非被动的反应预知来使给定系统具有预测能力，许多模拟和数控系统对于参数变化的响应由反馈或反应控制以回放的形式呈现数据。弹性控制系统可以通过计算期望的系统或集成系统的响应提出控制动作、计划，并向操作人员指明预期的、可接受的响应限制，在操作人员允许后引导控制操作，并进一步指示系统的反应，确保对象的响应与预期一致。

（2）认知性。弹性控制系统必须具有认知设备状态和系统威胁的能力。给定的弹性控制系统具有认知的能力，有助于系统获得目前状况的正确信息和知识。控制系统从传感器输入需认知系统的设备和整体运行状态，包含与期望运行结果的偏差，由此决定输入是否与感知到的设备或系统状态或期望运行一致，这有助于识别干扰和控制。

（3）反应性。弹性控制系统必须能够对感知情况做出精确和快速反应。当系统状态已知，必须理解状态的意义并能够提供相应的动作。弹性控制系统依据输入传感器值进行响应，判断此值是否精确、响应是否恰当，并警示操作人员设备和系统响应的运行是否正常。

（4）适应性。弹性控制系统必须能够按期望进行响应，这一能力称为适应性，包括根据预期和非预期的干扰调整控制过程和输出信号。适应性是系统从最大状态到最小可接受程度运行的缓冲能力。并非所有的事件都是可预测的，缓冲对于突发事件是有利的，可为最小系统在期望或意外事件中维持运行提供强化机制，如当系统偏离期望响应时可警告操作员或调整控制函数（如增益），使系统自适应响应，确保系统继续可接受的运行。

1.5 研 究 现 状

1.5.1 事件触发机制研究现状

针对 MPC 算法在求解复杂问题时对控制器的计算能力要求较高，以及需要使用大量的通信和计算资源等问题，在保证输入输出量不变和系统稳定的前提下，现有的基于 MPC 的优化方法主要有减少整个控制过程中求解 OCP 的次数和提高最优控制输入的利用率。由此得到了相应的基于事件触发机制[50-52]、自触发机制[53-55] 的 MPC 算法。其中，ET-MPC 算法的设计重点在于构造合理的触发条件，以减少 OCP 的求解频率，从而节省计算资源[56]。1996 年，Xi 和 Tarn[57] 提出基于事件触发机制的控制思想，可以在设计控制器时，通过将设备的实际状态和系统预测状态构造为函数并作为特定的触发条件，满足触发条件时执行下一步控制流程。2007 年，Tabuada[25] 提出了结合事件触发机制的反馈控制方法，该事件触发机制通过将 Lyapunov 函数的导数作为采样指标，在分析中严格避免了芝诺效应，即避免了在一定时间内，事件触发机制被无限次激活，并且证明了该事件触发机制可以使非线性定常系统满足 Lyapunov 稳定性。从 Tabuada 提出的事件触发机制的分析框架开始，很多基于此框架的事件触发机制相继被提出。这些事件触发机制仅要求在特定条件被违反时才激活处理器计算 OCP，因此相较于周期性的方法减轻了处理器的压力，节省了更多的计算资源[58,59]。2022 年，Astrom 提出了不需每个采样时刻都进行 OCP 求解的方法，为了与周期 MPC 方法区别，他在文献 [60] 中提出了事件触发机制，事件触发时需要先设立一个触发条件，当相关状态条件达到阈值时，才会去求解 OCP，这也避免了系统在每一个采样时刻都连续求解。基于这种思想,越来越多的学者在此方面进行了大量的研究工作[61-63]。Seyboth 等[62] 针对受到扰动的离散线性系统,提出了 ET-MPC 方法。通过与周期 MPC 方法进行对比,证明了事件触发机制可以使系统稳定,能够将状态保持在扰动界内。此外,还详细地说明了事件触发受触发阈值和扰动大小的影响。Eqtami 等[64] 在鲁棒非线性 MPC 的基础上提出了一种新的事件触发机制来控制具有附加干扰的不确定非线性系统。随后,Eqtami 等[65] 又针对非线性系统的 OCP 结合事件触发机制的思想,给出了触发条件的具体形式,并且得出了使连续非线性系统状态达到稳定的充分条件。Chen 等[66] 将 ET-MPC 应用到电动汽车串联谐振电感耦合功率传输系统,在保证被控系统性能的同时降低了资源消耗,并在实际系统中进行了实验验证。Yoo 和 Johansson[67] 将统计学习方法应用于事件触发的 MPC,并给出了一个与训练样本数量、模型复杂度、学习参数等统计学习效果相关的 ET-MPC 方法。不同于传统 ET-MPC 的监测方法,Heemels 和 Donkers[68] 构造了一种周期性的事件触发检查方法,该方法只需在特定的时间点判断事件触发条件是否被违反,而不需要持续对触发条件进行在线检测,在一定程度上降低了触发频率。2014 年,Li 和 Shi[69] 研究了有界扰动下连续时间非线性系统的 ET-MPC 问题,从理论上给出了避免芝诺效应的条件,通过对扰动上界进行限制,证明了该算法是可行的且可以使系统达到稳定状态。在此基础上,该团队[70] 又提出了一种基于误差的改进型事件触发机制,并设计了更大的初始可行域优化控制效果。此外,该团队[71] 还提出了在不考虑外部干扰的情况下,针对多个非线性子系统的鲁棒解耦的分布式 MPC 方法,并将其应用于网络系统和多智能体系统的研究中。文献 [72] 以相邻智能体的相对位置信息作为触发条件,解决了多智能体的分布式事件触发控制问题,实现了在触发瞬间对控制信息的交换,达到了通信资源与控制性能两者之间的平衡。文献 [73] 对多智能体的移动目标跟随问题进行分析,设计了分布式的事件触发跟随方法,控制结果表明该方法显著地减少了各移动智能体的能量消耗。文献 [74] 针对含有控制输入约束和有界扰动的连续线性定常系统构造了 ET-MPC 和状态反馈控制相结合的 “双模” 控制方法。首先,设计了 “双模” 控制方法来稳定系统;然后,通过构造可行的控制输入,推导参数的关系,特别是事件触发间隔时间和扰动的上界,保证了该方法的迭代可行性和稳定性,为计算负荷和控制性能提供了指导。与只考虑事件触发条件的方法不同,文献 [75] 提出了一种基于事件的自适应预测时域的 MPC 方法,该方法在事件触发基础上,随着系统状态靠近终端逐步缩短预测时域来减少计算量。文献 [76] 则针对受扰动的机械臂轨迹进行控制,使其在满足关节约束和轨迹控制时,可以达到预定轨迹。

与上面描述的事件触发机制不同，自触发模型预测控制（self-triggered model predictive control, ST-MPC）作为 ET-MPC 的一种，凭借其相较于事件触发机制不需要每个采样时刻检查触发条件，在两个连续的触发瞬间开环应用于系统的优势，无论是算法理论还是应用方面，都取得了丰富的研究成果 [77-86]。Eqtami 等 [78] 对标称系统进行了理论分析，得到了非完整系统的自触发机制，减少了触发频率以及信号传输。Heemels 等 [81] 展示了如何将事件触发机制和自触发机制应用于现有的无线通信技术之中。在信号传输方面，He 等 [82] 则在 ST-MPC 信号传输中用 "一阶保持"（first-order hold, FOH）方法代替了传统的 ZOH 方法，减少了传输误差。不同于上述固定终端域的设计方法，Yang 等 [83] 通过设计伪终端的方法，结合间歇采样的自触发机制设计，将系统状态逐步引导至终端约束集，很大程度上节省计算和通信资源的消耗。面对更复杂的工作情况，Cui 和 Li [84] 提出了一类结合两种自触发机制的 MPC 算法，其在特定场景下触发效果优于单一自触发机制。面对多耦合控制目标的工作场景，Hu 等 [85] 提出了分布式 ST-MPC 方法，采用自适应采样机制的方法，通过控制跟踪误差，达到了协同控制的目的。

综上所述，鉴于 MPC 算法在应用方面存在的计算量大、模型复杂和对系统的鲁棒性要求高以及应用中受实际带宽限制等问题，学者们从理论方面对触发机制、终端域和控制信号的应用规则进行设计，使其能适应更多的工作场景，但目前理论成果仍然存在很多不足。例如，在事件触发机制的设计中大多只考虑单个采样时刻的系统误差，而不是以系统状态的变化规律为触发条件，使得设计的触发条件不能贴近系统实际运行规律。或者在 ET-MPC 方法的设计中，在系统状态接近目标点时仍然使用固定的预测时域求解，增加了不必要的计算量。对于这些问题，如何针对 CPS 设计更加合理的事件触发机制，使控制方法既能达到控制目的又简单高效，具有重要的理论及实际意义。

1.5.2 弹性预测控制研究现状

由于弹性控制在抵御网络攻击中具有优良特性，近年来弹性预测控制受到学术界的广泛关注。针对 DoS 攻击，Liu 等 [87] 提出了一种基于数据驱动的弹性控制方法，通过求解凸规划问题，可以从预先收集的输入输出数据中计算出一系列与输入相关的预测输出，使系统在不了解系统模型或先验系统识别过程的情况下，也能实现局部输入–状态的稳定。Sun 等 [88] 利用 μ-步正不变集设计出减弱 DoS 攻击的弹性 MPC 方法。具体而言，首先通过引入改进的初始可行集来满足系统的控制输入和状态约束，以补偿 DoS 攻击带来的影响；其次基于 μ-步正不变集获得了 DoS 攻击最大持续间隔；最后证明了所提算法的指数稳定性。卢韦帆和尹秀霞[89]研究了 DoS 攻击下网络化预测控制系统记忆型事件触发预测补偿控制问题，开发出了一种基于观测器的输出反馈控制方法，既能保持系统稳定性，又能主动补偿 DoS 攻击造成的控制信息丢失，同时可以极大节省网络带宽资源，更适合现实工业生产场景。Sun 和 Yang[90]开发了一种弹性鲁棒 ET-MPC 方法，该方法利用采样数据控制律来减轻 DoS 攻击造成的影响，并且对所开发方法的理论性能进行了严格的论证。Sun 等[14]针对事件触发鲁棒 MPC 框架，提出了一种新的 ET-MPC 算法，并且设计了一种改进的数据包传输策略，其中包含两个动态缓冲区，使得执行器和事件触发机制可以在存在 DoS 攻击的情况下接收实时控制信号和参考状态。基于该传输策略的事件触发机制可以适应任意两个连续触发时刻之间的间隔大于预测时域的情况，比传统的事件触发机制节省了更多的通信资源。Qi 等[91]针对网络化控制系统资源受限和 DoS 攻击问题提出了一种新的基于缓存的 ET-MPC 方法，该方法通过在网络控制器中增加缓存功能来实现弹性控制；通过采用事件触发机制，提高网络资源利用率，降低传输数据被攻击的概率。另外，通过求解线性矩阵不等式，给出了 MPC 控制器与事件触发矩阵的协同设计方法。

针对 FDI 攻击，Wang 等[92]提出了一种基于攻击感知的模型预测切换控制方法。具体而言，如果检测到攻击，则根据之前的时间数据对未来的数据进行多步修正，同时使用重构控制器的输入输出序列，将系统建模为常时滞切换系统。此外，将 Lyapunov 方法与平均驻留时间相结合，为 FDI 攻击下闭环系统的渐近稳定提供了充分条件。Wang 等[93]通过使用线性矩阵不等式约束来考虑随机发生的 FDI 攻击，设计了基于 MPC 的静态输出局部状态反馈控制器。刘坤等[94]先基于果蝇优化极限学习机对被恶意注入的 FDI 攻击数据进行重构，然后将被重构的攻击数据视为扰动对系统加以补偿，进而获得弹性 MPC 算法。Liu 等[95]设计了一种同时考虑 H_2 和 H_∞ 性能指标的弹性 MPC 算法，该算法能够有效减弱干扰和 FDI 攻击对 CPS 造成的损害。Liu 等[96]为解决系统状态获取困难的问题，提出了一种基于输入–状态的 Lyapunov 函数方法，通过求解一个包含不等式约束的 OCP，设计了动态输出反馈弹性 MPC 方法，以保证系统在随机 FDI 攻击和持续有界干扰下的安全性。Wang 等[97]研究了基于 MPC 的多面体不确定模型在网络环境下的安全控制问题，建立了包含概率欺骗攻击、多面体不确定性和有界干扰的系统模型。此外，从可实现鲁棒不变集、控制性能和安全需求等方面为具有 FDI 攻击和有界扰动的线性变参数系统提供了一种有效的安全控制方法。Qin 等[98]通过将系统在 FDI 攻击下的状态调节至不变集设计了一种基于集隶属状态估计器的弹性 MPC 控制方法。Wang 等[99]针对一类具有 FDI 攻击和循环（round-robin，RR）协议的线性离散多面体不确定系统，研究了基于安全的弹性 MPC 问题，并通过目标函数上界，将系统状态引导到可容许输入下的终端约束集，使其停留在有界区域。Xu 等 [100] 基于鲁棒约束集和后退时域思想设计了针对 FDI 攻击的弹性 MPC 控制器，通过检查接收到的数据是否满足鲁棒约束将 FDI 攻击分为可检测到和不可检测到两种状态，如果被注入的虚假数据未被检测到，则将其视为扰动，否则使用后退时域思想进行防御。

针对 Replay 攻击，Zhu 和 Martinez[101] 研究受状态和输入约束的离散时间线性定常系统的弹性控制问题。针对 Replay 攻击，提出了基于后退时域控制律来处理，并分析了由此导致的系统性能下降和弹性网络控制系统的协同资源分配问题。Franze 等 [102] 针对输入和状态约束下的多智能体网络系统，提出了一种防御 Replay 攻击的弹性分布式 MPC 方法。所得到的控制器具有两个主要优点：通过简单的集合隶属度测试检测攻击发生的能力，以及将状态轨迹约束到一个“安全”区域，在该区域中，任何允许的攻击场景，都可以确保约束的实现和系统正常的运行。

需要强调的是，各种攻击并非相互对立的，随着 CPS 的快速发展，攻击者的技术也在不断变化，攻击手段日益复杂化、多样化。在实际工程应用中，CPS 可能会同时遭受不同类型的攻击。因此，混合攻击模式下的弹性预测控制机制近年来逐渐被关注。例如，Franze 等 [102] 基于集论和后退时域的思想，构造了离散时间弹性 MPC 控制器，从而减轻 C-A 通道中 FDI 攻击和 S-C 通道中 Replay 攻击对系统造成的破坏。Liu 等 [103] 提出了一种基于混合攻击和网络资源限制的事件触发控制方法来稳定网络系统，并建立了一种新的基于事件的混合攻击网络控制系统模型。在此基础上，得到了保证闭环系统稳定的充分条件，并给出了控制器的设计方法。王誉达 [104] 对混合攻击下资源受限的网络化控制系统的控制器设计与滤波问题进行了研究，同时考虑了 FDI 攻击、Replay 攻击、DoS 攻击三种常见攻击混合发生的情况，建立了一个混合攻击的统一化数学模型。在该混合攻击中，FDI 攻击和 Replay 攻击是随机发生的，DoS 攻击是非周期发生的。为了解决网络资源受限问题，考虑混合攻击的影响，重构了一种新的事件触发机制。在此机制下，当且仅当传输数据满足触发条件时数据才会被传输，进而极大地节约了网络资源。Chen 和 Shi [2] 对随机 MPC 算法及其 CPS 应用进行了详细的综述，并且讨论了如何扩展随机 MPC 框架，以实现各种恶意攻击下受限 CPS 的弹性控制机制，并将弹性控制分为基于检测机制和基于保护机制的两类弹性控制方法。

综上所述，虽然针对网络攻击的弹性 MPC 理论已取得了一定的成果，但上述弹性控制方法一般只关注保证网络攻击下的系统稳定性，而忽略了 CPS 的资源限制问题，在实际 CPS 中忽略资源消耗问题可能会引发诸如高能耗、短寿命、不稳定等问题，尤其对于一些计算能力低、电池寿命有限、体积小、内存小的资源受限设备，高的资源消耗可能会直接导致被控系统无法正常工作[105,106]。因此，为了保证 CPS 在网络攻击下稳定运行，同时又能降低通信和计算资源消耗，开发兼顾资源问题和安全问题的事件触发弹性预测控制方法具有重要意义。

第 2 章 基于微分信息的线性系统事件触发鲁棒预测控制

传统的事件触发机制[107-109]往往基于单个时刻的状态误差信息，然而由于预测控制算法本身是一种连续求解 OCP 的控制模式，因此综合考虑多个连续采样瞬间的系统状态误差变化就尤为必要。这样不仅能更好地刻画受控系统状态的动态变化，而且可以有效避免状态突变对系统性能的影响，加快动态响应速度。本章首先为受加性扰动的连续时间线性时不变系统构造一种基于微分信息的 ET-MPC 框架，其中的触发条件考虑连续采样时刻之间状态误差的微分信息，可以更全面地反映系统真实的状态。其次，基于状态反馈控制设计一种根据系统状态自动切换控制器，以进一步降低 OCP 的求解频率。再次，分析预测控制设计参数对预测控制代价函数的影响机理，进而获得保证控制算法迭代可行性和闭环系统稳定性的充分条件。最后，通过仿真和对比验证该控制方法的有效性。

2.1 问 题 描 述

本章的研究对象是具有有界加性扰动的线性时不变系统[110,111]，需要强调的是，卫星控制系统[112]和直流力矩电机[113]等机电系统动态模型均具有此类系统的特点，因此本章针对此类系统进行控制方法设计及稳定性分析。其系统方程如式 (2-1) 所示：

$$\begin{cases} \dot{x}(t) = \mathcal{A}x(t) + \mathcal{B}u(t) + \mathcal{D}w(t) \\ x(t_0) = x_0, \ t_0 \geqslant 0 \end{cases} \tag{2-1}$$

式中，$x(t)$、$u(t)$ 分别表示系统状态和控制输入，其约束分别为 $x(t) \in \mathcal{X} \subset \mathbb{R}^n$ 和 $u(t) \in \mathcal{U} \subset \mathbb{R}^m$，其中 $\mathcal{X}$、$\mathcal{U}$ 为包含原点为内点的凸紧集；$w(t) \in \mathcal{W} \subset \mathbb{R}^l$ 表示随机有界加性扰动，其上确界定义为 $\eta = \sup_{w(t) \in \mathcal{W}} \|w(t)\|$。系统中的时不变矩阵满足条件 $\mathcal{A} \in \mathbb{R}^{n \times n}$，$\mathcal{B} \in \mathbb{R}^{n \times m}$，$\mathcal{D} \in \mathbb{R}^{n \times l}$。假设系统状态是完全可测量的。显然，控制器的设计目标是能使状态达到平衡点（原点），即当 $t \to \infty$ 时，$x(t) \to 0$。

定义 2-1[114]　如果欧几里得空间 $\mathbb{R}^n$ 包含所有极限点，则称其为闭集（closed set）。

定义 2-2[114]　如果欧几里得空间 $\mathbb{R}^n$ 的所有子集均是闭集合且是有界的，那么称其为紧集（compact set）。

定义 2-3[114]　如果欧几里得空间 $\mathbb{R}^n$ 中任意两点之间直线的点都落在该集合中，则称其为凸集（convex set）。

令式 (2-1) 中的扰动 $w(t)=0$，便得到了与之对应的标称系统：

$$\dot{x}(t)=\mathcal{A}x(t)+\mathcal{B}u(t) \tag{2-2}$$

对于式 (2-2)，有如下常规假设。

假设 2-1[115,116]　对于标称系统式 (2-2)，存在一个局部状态反馈矩阵 $\mathcal{H}$ 使 $\mathcal{A}_{\mathcal{H}}=\mathcal{A}+\mathcal{B}\mathcal{H}$ 是一个 Hurwitz 矩阵。

定义 2-4[117,118]　当矩阵 $\mathcal{A}$ 的所有特征值均具有负实部，则 $\mathcal{A}$ 被称为 Hurwitz 矩阵。

定义 2-5[119,120]　对系统式 (2-1)，如果集合 $\mathcal{X}$ 满足对所有的 $x(t)\in\mathcal{X}$ 和 $u(t)\in\mathcal{U}$ 均有 $\dot{x}(t)\in\mathcal{X}$，则称 $\mathcal{X}$ 为系统的鲁棒正不变集（robust positively invariant set, RPIS）。

根据假设 2-1 和状态反馈控制方法，存在一个局部状态反馈控制器 $u(t)=\mathcal{H}x(t)$ 可以用来稳定标称系统式 (2-2)。此时，系统式 (2-1) 的状态空间模型可以写为

$$\dot{x}(t)=\mathcal{A}_{\mathcal{H}}x(t)+\mathcal{D}w(t) \tag{2-3}$$

式中，$\mathcal{A}_{\mathcal{H}}=\mathcal{A}+\mathcal{B}\mathcal{H}$。对于这样一个局部状态反馈矩阵 $\mathcal{H}$，可以证明有以下引理成立。

引理 2-1　对于系统式 (2-1)，如果假设 2-1 成立，给定对称正定矩阵 $Q,R>0$ 和正实数 $\epsilon\in\mathbb{R}_{>0}$，有以下结果成立：

（1）存在对称正定矩阵 P 使 $Q+\mathcal{H}^{\mathrm{T}}R\mathcal{H}+\mathcal{A}_{\mathcal{H}}P+P\mathcal{A}_{\mathcal{H}}\leqslant 0$ 成立；

（2）存在一个与正实数 ϵ 相关的平衡点的邻域 $\Xi(\epsilon)\triangleq\{x\in\mathbb{R}^n\,|\,\|x(t)\|\leqslant\epsilon\}$，满足 $u(t)=\mathcal{H}x(t)\in\mathcal{U},\ \forall x(t)\in\Xi(\epsilon)$；

（3）当 $x(t)\in\Xi(\epsilon)$ 时，有 $\dot{\mathcal{N}}(x(t))\leqslant-\|x(t)\|_{Q^*}^2$ 成立，其中 $\mathcal{N}(x(t))=\|x(t)\|_P^2$，对称正定矩阵 $Q^*=Q+\mathcal{H}^{\mathrm{T}}R\mathcal{H}$。

证明　首先，由假设 2-1 可知，局部状态反馈矩阵 $\mathcal{H}$ 可以求解，因为此时系统式 (2-2) 是稳定的。又因为 $\mathcal{A}_{\mathcal{H}}$ 是一个 Hurwitz 矩阵，且 $Q^*=Q+\mathcal{H}^{\mathrm{T}}R\mathcal{H}>0$，所以一定存在一个正定矩阵 $P>0$ 使得 $Q^*+\mathcal{A}_{\mathcal{H}}P+P\mathcal{A}_{\mathcal{H}}\leqslant 0$ 成立[5]。此外，

由于凸紧集 $\mathcal{U}$ 包含原点为其内点，那么总能找到一个正实数 ϵ，使得由其定义的原点邻域 $\Xi(\epsilon)$ 中的状态 $x(t)$ 同时满足 $u(t) = \mathcal{H}x(t) \in \mathcal{U}$，其中 $\Xi(\epsilon)$ 是一个鲁棒正不变集。最后，根据定义，当 $x(t) \in \Xi(\epsilon)$ 时，二次型函数 $\mathcal{N}(x(t)) = \|x(t)\|_P^2$ 可以作为标称系统式 (2-2) 的候选 Lyapunov 函数，此时可以推导出

$$
\begin{aligned}
\dot{\mathcal{N}}(x(t)) &= x(t)^{\mathrm{T}} P \dot{x}(t) + \dot{x}(t)^{\mathrm{T}} P x(t) \\
&= x(t)^{\mathrm{T}} \left[\mathcal{A}_{\mathcal{H}} P + P \mathcal{A}_{\mathcal{H}} \right] x(t) \\
&\leqslant -\|x(t)\|_{Q^*}^2
\end{aligned}
\tag{2-4}
$$

式中，$\mathcal{A}_{\mathcal{H}} = \mathcal{A} + \mathcal{B}\mathcal{H}$。由于 $P,\ Q^* > 0$，式 (2-4) 表明 $\Xi(\epsilon)$ 是标称系统式 (2-2) 的正不变集，其中控制率为 $u(t) = \mathcal{H}x(t)$。　　　　　　　　　　□

备注 2-1　值得注意的是，在文献 [5] 中，引理 2-1 是针对扰动为零的标称系统提出的，即 $w(t) = 0$，其结果用于获得终端域和局部控制器，在此基础上进一步推导出鲁棒约束条件。换言之，引理 2-1 是设计鲁棒预测控制算法的基础。本章进一步针对鲁棒预测控制提出了一种新的事件触发机制，并且由于所提出的触发条件不需要对终端域和本地控制器作修改，因此引理 2-1 对本章提出的事件触发鲁棒预测控制方法仍然有效。

2.2　算 法 设 计

本节将针对 2.1 节中描述的线性系统设计一种改进型 ET-MPC 算法。首先在 2.2.1 小节介绍具有鲁棒状态约束的 OCP。其次在 2.2.2 小节提出基于连续采样时刻实际状态和最优预测状态误差微分的事件触发机制，并严格证明其可以避免芝诺效应。最后在 2.2.3 小节以伪代码的形式展示基于微分信息的 ET-MPC 算法并介绍整个控制过程。

2.2.1　最优控制问题

为了将事件触发机制引入 MPC，本节首先介绍一个有界时域 OCP。对系统式 (2-1)，定义一个时间序列 $\{t_j\}$，$j \in \mathbb{N}$ 表示预设事件被触发的时刻，也即 OCP 需要被求解的时刻。$\tilde{u}(\alpha|t_j)$ 和 $\tilde{x}(\alpha|t_j)$ 分别表示 t_j 时刻预测的 α 时刻的控制输入和相应的状态轨迹，满足 $\dot{\tilde{x}}(\alpha|t_j) = \mathcal{A}\tilde{x}(\alpha|t_j) + \mathcal{B}\tilde{u}(\alpha|t_j)$，$\alpha \in [t_j, t_j + T_p]$。OCP 如式 (2-5) 所示：

$$
u^*(\alpha|t_j) = \arg\min_{\tilde{u}(\alpha|t_j)} \mathcal{C}\left(\tilde{x}(\alpha|t_j), \tilde{u}(\alpha|t_j)\right)
\tag{2-5}
$$

$$\text{s.t.} \begin{cases} \dot{\tilde{x}}(\alpha|t_j) = \mathcal{A}\tilde{x}(\alpha|t_j) + \mathcal{B}\tilde{u}(\alpha|t_j) \\ \tilde{x}(\alpha|t_j) \in \mathcal{X}, \quad \tilde{u}(\alpha|t_j) \in \mathcal{U} \\ \|\tilde{x}(\alpha|t_j)\| \leqslant \dfrac{T_p\epsilon}{\alpha - t_j}, \ \alpha \in [t_j, t_j + T_p] \end{cases} \quad (2\text{-}6)$$

式中，$\|\tilde{x}(\alpha|t_j)\| \leqslant \dfrac{T_p\epsilon}{\alpha - t_j}$，表示收紧的鲁棒状态约束，其中鲁棒终端域 $\Xi(\epsilon)$ 的半径 ϵ 是一个设计参数；T_p 为预测时域；$u^*(\alpha|t_j)$ 表示最优控制输入，存在 $\dot{x}^*(\alpha|t_j) = \mathcal{A}x^*(\alpha|t_j) + \mathcal{B}u^*(\alpha|t_j)$，其中 $x^*(\alpha|t_j)$ 为相应的系统状态。OCP 中的代价函数可以表示为

$$\mathcal{C}(\tilde{x}(\alpha|t_j), \tilde{u}(\alpha|t_j)) \triangleq \int_{t_j}^{t_j+T_p} \mathcal{M}(\alpha|t_j)\mathrm{d}\alpha + \mathcal{N}(\tilde{x}(t_j+T_p|t_j)) \quad (2\text{-}7)$$

式中，$\mathcal{M}(\alpha|t_j) = \|\tilde{x}(\alpha|t_j)\|_Q^2 + \|\tilde{u}(\alpha|t_j)\|_R^2$ 和 $\mathcal{N}(\tilde{x}(t_j+T_p|t_j)) = \|\tilde{x}(t_j+T_p|t_j)\|_P^2$，分别为运行代价函数和终端代价函数，其中 Q，R，$P > 0$，称为权重矩阵。

备注 2-2 传统的预测控制方法对外界扰动可能不具有鲁棒性，即使是很小的扰动，闭环系统也可能不稳定[121]。为了设计一个对外界扰动具有鲁棒性的 ET-MPC 方法，本章应用了鲁棒性约束 $\|\tilde{x}(\alpha|t_j)\| \leqslant \dfrac{T_p\epsilon}{\alpha - t_j}$，$\alpha \in [t_j, t_j + T_p)$，其主要作用有两点：其一，在 $\alpha \in [t_j, t_j + T_p)$ 时鲁棒约束提供了一个随 α 增加单调递减的边界来限制状态的加权范数；其二，当 $\alpha = t_j + T_p$ 时鲁棒约束可以作为终端约束，即 $\tilde{x}(t_j + T_p|t_j) \in \Xi(\epsilon)$。这样一来，即使存在加性扰动，系统的代价函数仍然是单调递减的。由于最优代价函数可以作为系统的 Lyapunov 函数，所以 $\|\tilde{x}(\alpha|t_j)\| \leqslant \dfrac{T_p\epsilon}{\alpha - t_j}$ 保证了系统的鲁棒性。

2.2.2 事件触发机制设计

由于本章的研究对象是受扰动系统，而在求解 OCP 时使用的是标称系统，所以求得的最优预测状态 $x^*(\alpha|t_j)$ 与实际状态 $x(\alpha|t_j)$ 之间必然存在偏差。本节提出了一种新的事件触发机制，通过比较连续采样时刻的实际状态和最优预测状态之间的差异来确定下一个触发时刻，即基于微分信息的事件触发机制。这样的设计思路考虑了连续时间误差的变化值，防止系统受到状态突变的影响，相对于传统的仅考虑单一时刻状态误差的 ET-MPC 方法，如文献 [69] 等，可以更有效地降低求解 OCP 的频率，同时保证理想的控制性能。该控制方法的触发条件如下：

$$\begin{cases} \tilde{t}_{j+1} \triangleq \inf_{\alpha > t_j + h} \{\alpha : \|\delta(\alpha|t_j)\| - \|\delta(\alpha - h|t_j)\| = \zeta\} \\ \delta(\alpha|t_j) = x^*(\alpha|t_j) - x(\alpha|t_j), \quad \alpha \in [t_j + h, t_j + T_p] \end{cases} \tag{2-8}$$

式中，$x^*(\alpha|t_j)$ 和 $x(\alpha|t_j)$ 分别表示 t_j 时刻最优预测状态和实际状态，其中 $\alpha \in [t_j + h, t_j + T_p]$；$\delta(\alpha|t_j)$ 表示 α 时刻两者的状态误差；$h \in [T_p - \sigma, \sigma]$ 是一个根据实际应用场景调整的参数；$\tilde{t}_{j+1}$ 为候选的触发时刻；ζ 为触发阈值。不失一般性地，假设 OCP 在初始时刻 $t_0 = 0$ 时被求解，则下一个触发时刻可以表示为

$$t_{j+1} = \min\{\tilde{t}_{j+1}, t_j + T_p\} \tag{2-9}$$

备注 2-3　如上所述，本节提出的基于微分信息的事件触发机制，通过检查两个采样时刻的实际状态与其最优预测状态之间的差异是否满足某个阈值来确定下一个触发时刻。与传统的触发条件相比，新的触发条件只需要再计算一次状态变化，而且这种减法运算的计算负担非常小，因此与传统的 ET-MPC 方法相比，它不会显著增加计算负担。

为了避免芝诺效应，需要推导出保证两个连续触发时刻的触发间隔大于零的充分条件，经分析推导可给出该充分条件如定理 2-1 所述。

定理 2-1　对于系统式 (2-1)，如果其触发时刻通过式 (2-9) 获得，并且触发阈值满足：

$$\zeta = \frac{\eta\|\mathcal{D}\|}{\|\mathcal{A}\|} \mathrm{e}^{\|\mathcal{A}\|\sigma}(1 - \mathrm{e}^{\|\mathcal{A}\|(\sigma - T_p)}) \tag{2-10}$$

那么，两个连续触发时刻的触发间隔最大值为 T_p，最小值为 σ。

证明　首先，由式 (2-9) 可知 $t_{j+1} \leqslant t_j + T_p$，即 $\sup\{t_{j+1} - t_j\} = T_p$，可以直接说明任意两个连续触发时刻的触发间隔最大值为 T_p。实际上因为 T_p 是有限时域 OCP 的预测时域，所以两个连续触发时刻的触发间隔不会大于 T_p。

然后，由触发条件式 (2-8) 可以得到

$$\|\delta(\alpha|t_j)\| - \|\delta(\alpha - 1|t_j)\|$$
$$= \left\| \mathrm{e}^{\mathcal{A}(\alpha - t_j)} x(t_j) + \int_{t_j}^{\alpha} (\mathrm{e}^{(\mathcal{A}(\alpha - s))}\mathcal{B}u^*(s) + \mathcal{D}w(s))\mathrm{d}s \right.$$
$$\left. - \mathrm{e}^{\mathcal{A}(\alpha - t_j)} x^*(t_j|t_j) - \int_{t_j}^{\alpha} \mathrm{e}^{(\mathcal{A}(\alpha - s))}\mathcal{B}u^*(s)\mathrm{d}s \right\|$$
$$- \left\| \mathrm{e}^{\mathcal{A}(\alpha - h - t_j)} x(t_j) + \int_{t_j}^{\alpha - h} (\mathrm{e}^{(\mathcal{A}(\alpha - h - s))}(\mathcal{B}u^*(s) + \mathcal{D}w(s)))\mathrm{d}s \right.$$
$$\left. - \mathrm{e}^{\mathcal{A}(\alpha - h - t_j)} x^*(t_j|t_j) - \int_{t_j}^{\alpha - h} (\mathrm{e}^{(\mathcal{A}(\alpha - h - s))}\mathcal{B}u^*(s))\mathrm{d}s \right\|$$

$$\leqslant \left\| \int_{t_j}^{\alpha} e^{(\mathcal{A}(\alpha-s))} \mathcal{D}w(s)\mathrm{d}s \right\| - \left\| \int_{t_j}^{\alpha-h} e^{(\mathcal{A}(\alpha-h-s))} \mathcal{D}w(s)\mathrm{d}s \right\|$$

$$\leqslant \frac{\eta \|\mathcal{D}\|}{\|\mathcal{A}\|} e^{\|\mathcal{A}\|(\alpha-t_j)} (1 - e^{-\|\mathcal{A}\|h}) \tag{2-11}$$

结合式 (2-8)、式 (2-10) 和式 (2-11)，可知 $t_{j+1} - t_j \geqslant \sigma$，即任意两个连续触发时刻的触发间隔最小值为 σ，且 $\sigma > 0$。

至此定理 2-1 得证。 □

由定理 2-1 可知，若触发阈值满足式 (2-10)，则任意两个连续触发时刻之间存在正的触发间隔，即本节设计的事件触发条件式 (2-8) 可以保证系统不存在芝诺效应。

备注 2-4 定理 2-1 的证明过程基于连续线性时不变系统的解和矩阵范数的不等式。在文献 [69] 中，由于不能直接求解非线性系统的解，其中的状态轨迹误差是由 Gronwall-Bellman 不等式和三角不等式推导出来的。按照文献 [69] 的计算过程，保证系统可行性时系统的扰动上界为

$$\eta = \frac{(1-\alpha)\varepsilon}{\bar{\lambda}(\sqrt{P})\sigma e^{\|\mathcal{A}\|T_p}} \tag{2-12}$$

通过比较定理 2-2 中的扰动上界，可以推断出本章采用的求解方法可以降低保守性，允许实际控制过程中存在更大的扰动。

2.2.3 事件触发模型预测控制算法设计

基于以上 OCP 和事件触发条件的设计与分析，本节提出一种基于微分信息的线性系统 ET-MPC 算法，如算法 2-1 所示。

算法 2-1：基于微分信息的线性系统 ET-MPC 算法

Require: 预测时域 T_p；初始状态 x_0；触发阈值 ζ；局部状态反馈矩阵 $\mathcal{H}$；权重矩阵 Q, R, P；鲁棒终端域 $\Xi(\epsilon)$；

初始化参数 $j = 0$。

1:   if $x(\alpha|t_j) \in \Xi(\epsilon)$

2:      应用局部状态反馈控制器 $u(t) = \mathcal{H}x(t)$；

3:   else

4:      求解 OCP 式 (2-5) 得到 $u^*(\alpha|t_j)$, $\alpha \in [t_j, t_j + T_p]$；

5:      while 未满足触发条件式 (2-8) do

6:	应用最优控制输入 $u^*(\alpha\|t_j)$, $\alpha \in [t_j, t_j + T_p]$;
7:	end while
8:	$j = j + 1$;
9:	end if
10:	返回第 1 步。

算法 2-1 表明，当系统状态未进入鲁棒终端域，即 $x(\alpha|t_j) \notin \Xi(\epsilon)$ 时，通过求解 OCP 式 (2-5) 得到的最优控制输入 $u^*(\alpha|t_j)$ 一直被应用直到触发条件式 (2-8) 再一次满足,而周期 MPC 算法只应用最优控制输入的第一个值 $u^*(t_j|t_j)$。显然这样可以降低求解 OCP 的频率，减少预测控制器的在线计算量。此外，当状态进入鲁棒终端域之后，即 $x(\alpha|t_j) \in \Xi(\epsilon)$ 时，系统便由引理 2-1 中设计的局部状态反馈控制器 $u(t) = \mathcal{H}x(t)$ 控制，不再求解 OCP，这样可以进一步地减少求解 OCP 的次数。综上所述，算法 2-1 在终端域内外采用两种不同的控制模式，这一思想基于所谓的"双模"控制方法 [122,123]，目的是缓解控制器的在线计算负担。图 2-1 展示了从起始点到平衡点"双模"算法的控制过程（以二维状态为例），其中触发点是触发条件达到预设触发阈值，也即 OCP 需要被求解的时刻，切换点表示从预测控制器切换到局部状态反馈控制器的时刻。

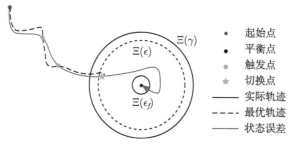

图 2-1 "双模"算法的控制过程

备注 2-5 引理 2-1 表明系统至少存在一个可行解来保证状态变量稳定。然而，在大多数实际的控制过程中，局部状态反馈控制器 $u(t) = \mathcal{H}x(t)$ 很难满足 $u(t) = \mathcal{H}x(t) \in \mathcal{U}$, $\forall x(t) \in \Xi(\epsilon)$ 这一鲁棒终端约束条件。因此本章考虑使用"双模"控制方法来解决这一问题，当 $u(t) = \mathcal{H}x(t)$ 不满足输入约束时，应用 MPC 控制器求解 OCP。另外，当系统状态接近稳定状态时，求解复杂的 OCP 显然已经没有必要，因此"双模"控制的方法也能够缓解控制器的计算负担。此外，通过构造 Lyapunov 函数，可以证明一旦满足 $x(t) \in \Xi(\epsilon)$，状态实际上是稳定的，并且收敛域的半径受最大容许扰动的影响。

2.3　理　论　分　析

本节给出了本章的主要理论结果，分别研究了算法 2-1 的迭代可行性和其控制下系统的闭环稳定性，并给出了保证性能的充分条件。

对于标称系统式 (2-2)，2.2.3 小节基于 "双模" 控制方法设计了 ET-MPC 方法，并设计了一个时不变终端域 $\Xi(\gamma) \triangleq \{x \in \mathbb{R}^n \mid \|x(t)\| \leqslant \gamma\}$（如图 2-1 所示），定理 2-3 将证明系统状态会最终稳定在集合 $\Xi(\epsilon_f)$ 中。然而，由于本章研究的实际系统式 (2-1) 中存在不可避免的有界加性扰动，不难理解实际系统中的时不变鲁棒终端域 $\Xi(\epsilon)$ 属于这个终端域 $\Xi(\gamma)$，即 $\Xi(\epsilon) \subseteq \Xi(\gamma)$。引理 2-2 阐述了与 $\Xi(\gamma)$ 有关的定义与性质。

引理 2-2　标称系统的终端域满足以下性质：

（1）对于任意的 $x(t) \in \Xi(\gamma)$，存在局部状态反馈矩阵 $\mathcal{H}$ 使得 $u(t) = \mathcal{H}x(t)$ 满足输入约束 $u(t) \in \mathcal{U}$；

（2）给定引理 2-1 设计的正定矩阵 P，Q，R，不等式

$$\dot{\mathcal{N}}(\bar{x}(\mu|t_j + T_p)) + \mathcal{M}(\mu|t_j + T_p) \leqslant 0 \tag{2-13}$$

对于所有 $\mu \in [t_j + T_p, t_{j+1} + T_p]$ 均成立。

证明　对标称系统而言，系统进入终端域之后便由局部状态反馈控制器 $u(t) = \mathcal{H}x(t)$ 控制，这一点与引理 2-1 所述一致，但由于实际系统中存在输入约束和有界加性扰动，时不变终端域半径 γ 要略大于 ϵ 但仍然有界。为了计算方便，可以选取 $\gamma = \dfrac{\sup_{u(t) \in \Xi(\gamma)}\{u(t)\}}{\|\mathcal{H}\|}$，其中 $\sup_{u(t) \in \Xi(\gamma)}\{u(t)\}$ 表示 $u(t)$ 在终端域内的上确界。在终端域内，$\mathcal{M}(\mu|t_j + T_p) = \|\bar{x}(\mu|t_j + T_p)\|_Q^2 + \|\bar{u}(\mu|t_j + T_p)\|_R^2$，表示运行代价函数，$\mathcal{N}(\bar{x}(\mu|t_j + T_p)) = \|\bar{x}(\mu|t_j + T_p)\|_P^2$，表示终端代价函数，其中 $\mu \in [t_j + T_p, t_{j+1} + T_p]$，则可以推导出

$$
\begin{aligned}
&\dot{\mathcal{N}}(\bar{x}(\mu|t_j + T_p)) + \mathcal{M}(\mu|t_j + T_p) \\
=& \bar{x}^{\mathrm{T}} Q \bar{x} + \bar{u}^{\mathrm{T}} R \bar{u} + \dot{\bar{x}}^{\mathrm{T}} P \bar{x} + \bar{x}^{\mathrm{T}} P \dot{\bar{x}} \\
=& \bar{x}^{\mathrm{T}} Q \bar{x} + \bar{x}^{\mathrm{T}} \mathcal{H}^{\mathrm{T}} R \mathcal{H} \bar{x} + \bar{x}^{\mathrm{T}} \mathcal{A}_{\mathcal{H}}^{\mathrm{T}} P \bar{x} + \bar{x}^{\mathrm{T}} P \mathcal{A}_{\mathcal{H}}^{\mathrm{T}} \bar{x} \\
=& \bar{x}^{\mathrm{T}} \left[Q + \mathcal{H}^{\mathrm{T}} R \mathcal{H} + \mathcal{A}_{\mathcal{H}}^{\mathrm{T}} P + P \mathcal{A}_{\mathcal{H}}^{\mathrm{T}} \right] \bar{x}
\end{aligned}
$$

$$\leqslant 0 \tag{2-14}$$

此外，当状态进入终端域之后，通过应用控制率 $u(t) = \mathcal{H}x(t)$ 并结合引理 2-1 中的结论 $\dot{\mathcal{N}}(\bar{x}(\mu|t_j + T_p)) \leqslant -\|\bar{x}(\mu|t_j + T_p)\|_{Q^*}^2$，其中 $Q^* = Q + \mathcal{H}^{\mathrm{T}}R\mathcal{H}$，可以推断出系统在终端域 $\Xi(\gamma)$ 内是稳定的 [69]。

至此引理 2-2 得证。 $\square$

2.3.1 迭代可行性分析

在本小节中，首先分析基于微分信息的线性系统 ET-MPC 算法的迭代可行性，并推导出保证可行性的充分条件。根据 ETC 的基本原理，只有在满足预设的触发条件时才需要求解 OCP，这有可能导致算法不可行。因此首先需要假设 OCP 式 (2-5) 在初始时刻是有解的，随后需要证明存在一个控制轨迹，在满足状态约束、终端约束和鲁棒约束的情况下可以触发初始状态进入鲁棒终端域。证明算法迭代可行性主要分为两步：首先，建立终端约束满足条件（作为鲁棒状态约束的一部分）；其次，在适当的条件下证明系统满足控制输入约束和鲁棒状态约束。

根据归纳原理，不妨假设 OCP 式 (2-5) 在 t_j 时刻可行，则证明算法可行性等价于在 t_{j+1} 时刻找到一个可行的控制输入。首先，构造一个合适的可行控制输入 $\tilde{u}(\alpha|t_{j+1})$：

$$\tilde{u}(\alpha|t_{j+1}) = \begin{cases} u^*(\alpha|t_j), & \alpha \in [t_{j+1}, t_j + T_p] \\ \mathcal{H}\tilde{x}(\alpha|t_{j+1}), & \alpha \in [t_j + T_p, t_{j+1} + T_p] \end{cases} \tag{2-15}$$

式中，$\mathcal{H}$ 是用来离线计算正定矩阵 P 的局部状态反馈矩阵，相关描述见引理 2-1。构造的可行控制输入由两部分构成：当 $\alpha \in [t_{j+1}, t_j + T_p]$ 时，控制器继续应用 t_j 时刻求解 OCP 得到的最优控制输入；当 $\alpha \in [t_j + T_p, t_{j+1} + T_p]$ 时，由局部状态反馈控制器生成控制输入，两者在 $t_{j+1} + T_p$ 时刻衔接。此时，可行的系统状态由式 (2-16) 计算得到：

$$\dot{\tilde{x}}(\alpha|t_{j+1}) = \mathcal{A}\tilde{x}(\alpha|t_{j+1}) + \mathcal{B}\tilde{u}(\alpha|t_{j+1}), \quad \alpha \in [t_{j+1}, t_{j+1} + T_p] \tag{2-16}$$

t_{j+1} 时刻的可行状态 $\dot{\tilde{x}}(\alpha|t_{j+1})$ 与 t_j 时刻的最优预测状态 $x^*(\alpha|t_j)$ 的关系是后续分析可行性的关键要素，相关分析结果如下。

引理 2-3 t_{j+1} 时刻的可行状态 $\tilde{x}(\alpha|t_{j+1})$ 与 t_j 时刻的最优预测状态 $x^*(\alpha|t_j)$ 有如下关系：

$$\|\tilde{x}(\alpha|t_{j+1}) - x^*(\alpha|t_j)\| \leqslant \frac{\zeta}{2}\mathrm{e}^{\|\mathcal{A}\|\sigma} \tag{2-17}$$

式中，$\alpha \in [t_{j+1}, t_{j+1} + T_p]$，并且规定 $\tilde{x}(t_j|t_j) = x(t_j)$。

证明 当 $\alpha \in [t_{j+1}, t_{j+1} + T_p]$ 时，可以得到

$$\|\tilde{x}(\alpha|t_{j+1}) - x^*(\alpha|t_j)\|$$

$$= \left\| e^{\mathcal{A}(\alpha-t_{j+1})}\tilde{x}(t_{j+1}|t_{j+1}) + \int_{t_{j+1}}^{\alpha} e^{\mathcal{A}(\alpha-s)}\mathcal{B}\tilde{u}(\alpha|t_{j+1})\mathrm{d}s \right.$$

$$\left. - e^{\mathcal{A}(\alpha-t_j)}x^*(t_{j+1}|t_j) - \int_{t_{j+1}}^{\alpha} e^{\mathcal{A}(\alpha-s)}\mathcal{B}u^*(\alpha|t_j)\mathrm{d}s \right\|$$

$$\leqslant \|x(t_{j+1}) - x^*(t_{j+1}|t_j)\| e^{\|\mathcal{A}\|(\alpha-t_j)}$$

$$\leqslant \frac{\zeta}{2} e^{\|\mathcal{A}\|\sigma} \tag{2-18}$$

引理 2-3 得证。 □

以上述引理 2-3 为基础，算法 2-1 迭代可行性的相关结论可以通过以下定理阐述。

定理 2-2 若受扰动系统式 (2-1) 满足假设 2-1，基于微分信息的线性系统 ET-MPC 算法的触发时刻由式 (2-8) 决定，如果

$$\eta \leqslant \frac{\|\mathcal{A}\|(\gamma - \epsilon)}{\|\mathcal{D}\|} e^{-\|\mathcal{A}\|(T_p+\sigma)} \tag{2-19}$$

$$\sigma \geqslant 2\frac{\bar{\lambda}(P)}{\underline{\lambda}(Q^*)} \ln \frac{\gamma}{\epsilon}, \quad Q^* = Q + \mathcal{H}^{\mathrm{T}} R \mathcal{H} \tag{2-20}$$

$$\epsilon \geqslant \max\left\{ \frac{T_p - \sigma}{T_p}\gamma, \ \frac{2\bar{\lambda}(P)}{\underline{\lambda}(Q^*)T_p}\gamma \right\}, \quad \frac{2\bar{\lambda}(P)}{\underline{\lambda}(Q^*)T_p} < 1 \tag{2-21}$$

成立，则算法 2-1 是可行的。

证明 首先，根据可行控制输入 $\tilde{u}(\alpha|t_{j+1})$ 的定义，当 $\alpha \in [t_{j+1}, t_j + T_p]$ 时，$\tilde{u}(\alpha|t_{j+1}) \in \mathcal{U}$ 可以直接由 $u^*(\alpha|t_j) \in \mathcal{U}$ 获得；当 $\alpha \in [t_j + T_p, t_{j+1} + T_p]$ 时，根据局部状态反馈控制器 $\mathcal{H}$ 的性质和假设 2-1，可以得到 $\tilde{u}(\alpha|t_{j+1}) \in \mathcal{U}$。

其次，令式 (2-17) 中 $\alpha = t_j + T_p$，可得

$$\|\tilde{x}(t_j + T_p|t_{j+1})\| \leqslant \|x^*(t_j + T_p|t_j)\| + \frac{\zeta}{2} e^{\|\mathcal{A}\|T_p} \tag{2-22}$$

由 $u^*(\alpha|t_j)$ 在 $\alpha \in [t_j, t_j + T_p]$ 时的可行性可知 $\|x^*(t_j + T_p|t_j)\| \leqslant \epsilon$，结合 $\eta \leqslant \frac{\|\mathcal{A}\|(\gamma - \epsilon)}{\|\mathcal{D}\|} e^{-\|\mathcal{A}\|(T_p+\sigma)}$ 可得

$$\|\tilde{x}(t_j + T_p|t_{j+1})\| \leqslant \epsilon + \frac{\eta\|\mathcal{D}\|}{\|\mathcal{A}\|} e^{\|\mathcal{A}\|(\sigma+T_p)} \leqslant \gamma \tag{2-23}$$

式 (2-23) 表明如果可行控制输入 $u^*(t_j + T_p|t_j)$ 使系统状态收敛到鲁棒终端域 $\Xi(\epsilon)$，那么构造的可行控制输入 $\tilde{u}(\alpha|t_{j+1})$ 可以使状态进入终端域 $\Xi(\gamma)$。

当 $\alpha \in [t_j + T_p, t_{j+1} + T_p]$ 时，由引理 2-1 可知

$$\dot{\mathcal{N}}(\tilde{x}(\alpha|t_j + T_p)) \leqslant -\|\tilde{x}(\alpha(t_j + T_p))\|_{Q^*}^2 \leqslant -\frac{\lambda(Q^*)}{\bar{\lambda}(P)}\mathcal{N}(\tilde{x}(\alpha|t_j + T_p)) \qquad (2\text{-}24)$$

式中，$Q^* = Q + \mathcal{H}^{\mathrm{T}}R\mathcal{H}$。通过应用比较原则 [114]，可以得到

$$\mathcal{N}(\tilde{x}(\alpha|t_{j+1})) \leqslant \mathcal{N}(\tilde{x}(t_j + T_p|t_{j+1}))\mathrm{e}^{-\frac{\lambda(Q^*)}{\lambda(P)}(\alpha - t_j - T_p)} \qquad (2\text{-}25)$$

式中，$\alpha \in [t_j + T_p, t_{j+1} + T_p]$。当 $\alpha = t_{j+1} + T_p$ 时，结合式 (2-23) 得到的 $\tilde{x}(t_j + T_p|t_{j+1}) \leqslant \gamma$，可以推导出

$$\|\tilde{x}(t_{j+1} + T_p|t_{j+1})\| \leqslant \gamma \mathrm{e}^{-\frac{\lambda(Q^*)}{2\lambda(P)}\sigma} \qquad (2\text{-}26)$$

将式 (2-20) 代入式 (2-26)，可以得到 $\|\tilde{x}(t_{j+1} + T_p|t_{j+1})\| \leqslant \epsilon$。这表明，构造的可行控制输入 $\tilde{u}(\alpha|t_{j+1})$ 可以在 $\alpha = t_{j+1} + T_p$ 时触发系统状态进入鲁棒终端域 $\Xi(\epsilon)$。

最后要证明的是 t_{j+1} 时刻的系统状态满足收紧的鲁棒约束，即 $\|\tilde{x}(\alpha|t_{j+1})\| \leqslant \dfrac{T_p\epsilon}{\alpha - t_{j+1}}$，$\alpha \in [t_{j+1}, t_{j+1} + T_p]$。

当 $\alpha \in [t_{j+1}, t_j + T_p]$ 时，式 (2-23) 可得

$$\|\tilde{x}(\alpha|t_{j+1})\| \leqslant \frac{T_p\epsilon}{\alpha - t_j} + \gamma - \epsilon \qquad (2\text{-}27)$$

其中用到了 $\|x^*(\alpha|t_j)\| \leqslant \dfrac{T_p\epsilon}{\alpha - t_j}$。由条件式 (2-21) 可知 $\epsilon \geqslant \dfrac{T_p - \sigma}{T_p}\gamma$，可以推导出 $\gamma - \epsilon \leqslant \dfrac{\sigma}{T_p}\gamma \leqslant \dfrac{\sigma}{T_p - \sigma}\epsilon \leqslant \dfrac{t_{j+1} - t_j}{(\alpha - t_{j+1})(\alpha - t_j)}T_p\epsilon$，将其代入式 (2-27)，可以得到

$$
\begin{aligned}
\|\tilde{x}(\alpha|t_{j+1})\| &\leqslant \frac{T_p\epsilon}{\alpha - t_j} + \gamma - \epsilon \\
&\leqslant \frac{T_p\epsilon}{\alpha - t_j} + \frac{t_{j+1} - t_j}{(\alpha - t_{j+1})(\alpha - t_j)}T_p\epsilon \\
&\leqslant \frac{T_p\epsilon}{\alpha - t_{j+1}}
\end{aligned} \qquad (2\text{-}28)
$$

至此，式 (2-28) 表明了在 $\alpha \in [t_{j+1}, t_j + T_p]$ 时，系统状态满足收紧的鲁棒约束。

当 $\alpha \in [t_j+T_p, t_{j+1}+T_p]$ 时，由式 (2-25) 可得 $\|\tilde{x}(\alpha|t_{j+1})\| \leqslant \gamma e^{-\frac{\lambda(Q^*)}{2\bar{\lambda}(P)}(\alpha-t_j-T_p)}$。显然，证明

$$\gamma e^{-\frac{\lambda(Q^*)}{2\bar{\lambda}(P)}(\alpha-t_j-T_p)} \leqslant \frac{T_p\epsilon}{\alpha - t_{j+1}} \tag{2-29}$$

是证明状态满足鲁棒约束（即 $\|\tilde{x}(\alpha|t_{j+1})\| \leqslant \dfrac{T_p\epsilon}{\alpha - t_{j+1}}$）的充分条件，而证明

式 (2-29) 成立等价于证明 $\dfrac{\gamma(\alpha-t_{j+1}) - e^{\frac{\lambda(Q^*)}{2\bar{\lambda}(P)}(\alpha-t_j-T_p)}T_p\epsilon}{(\alpha-t_{j+1})e^{\frac{\lambda(Q^*)}{2\bar{\lambda}(P)}(\alpha-t_j-T_p)}} \leqslant 0$，由于其分母

是一个正数，不妨将其分子定义为一个函数

$$f(\alpha) = \gamma(\alpha - t_{j+1}) - e^{\frac{\lambda(Q^*)}{2\bar{\lambda}(P)}(\alpha-t_j-T_p)}T_p\epsilon \tag{2-30}$$

其定义域为 $\alpha \in [t_j + T_p, t_{j+1} + T_p]$。对 $f(\alpha)$ 求导可得

$$\frac{\mathrm{d}f(\alpha)}{\mathrm{d}\alpha} = \gamma - T_p\epsilon\frac{\lambda(Q^*)}{2\bar{\lambda}(P)}e^{\frac{\lambda(Q^*)}{2\bar{\lambda}(P)}(\alpha-t_j-T_p)} \tag{2-31}$$

对 $\dfrac{\mathrm{d}f(\alpha)}{\mathrm{d}\alpha}$ 再次求导，可知其是一个关于 α 的单调递减函数，所以其最大值为

$$\frac{\mathrm{d}f(\alpha)}{\mathrm{d}\alpha}\bigg|_{\alpha=t_j+T_p} = \gamma - T_p\epsilon\frac{\lambda(Q^*)}{2\bar{\lambda}(P)} \tag{2-32}$$

由式 (2-21) 可知 $\epsilon \geqslant \dfrac{2\bar{\lambda}(P)}{\lambda(Q^*)T_p}\gamma$ 和 $\dfrac{2\bar{\lambda}(P)}{\lambda(Q^*)T_p} < 1$，将其代入式 (2-32) 可知 $\dfrac{\mathrm{d}f(\alpha)}{\mathrm{d}\alpha}$ 是一个非正函数，即 $f(\alpha)$ 是一个单调递减函数。又因为 $\epsilon \geqslant \dfrac{T_p-\sigma}{T_p}\gamma$，可以得到 $f(t_j+T_p) = \gamma(t_j + T_p - t_{j+1}) - T_p\epsilon \leqslant \gamma(T_p-\sigma) - T_p\epsilon \leqslant 0$，以上分析说明 $f(\alpha) \leqslant 0$ 在时间区间 $\alpha \in [t_j+T_p, t_{j+1}+T_p]$ 恒成立。此时，式 (2-29) 成立，说明 $\|\tilde{x}(\alpha|t_{j+1})\| \leqslant \dfrac{T_p\epsilon}{\alpha - t_{j+1}}$ 成立，即当 $\alpha \in [t_j + T_p, t_{j+1} + T_p]$ 时，系统状态满足收紧的鲁棒约束。

以上三个方面证明了算法 2-1 的迭代可行性。 □

备注 2-6 本节从理论上推导了系统所能承受的扰动上界 η，表明其受模型参数和控制器参数（如预测时域 T_p、模型系数矩阵 $\mathcal{A}$ 和 $\mathcal{D}$ 等）的影响。值得

指出的是，在实际的控制过程中，扰动上界可以根据系统可能面临的实际约束情况，通过改变控制器参数（如 T_p）来调节，但控制器参数的变化也会影响控制性能（如可行性、稳定性等）。因此，选取实际控制系统的设计参数时需要考虑扰动上界与控制性能之间的权衡。

备注 2-7　定理 2-2 讨论了 $\sigma \leqslant t_{j+1} - t_j < T_p$ 的情况。需要特别指出的是，当 $t_{j+1} - t_j = T_p$ 时，意味着系统只需要在初始时刻 t_0 计算一次最优问题，之后状态轨迹将收敛到鲁棒终端域中，并开始应用局部状态反馈控制器 $u(t) = \mathcal{H}x(t)$。实际上，这种特殊情况下的稳定性已经在引理 2-2 中说明。

2.3.2　稳定性分析

需要注意的是，研究对象中存在的不确定扰动和控制方法中的事件触发机制都会影响系统的稳定性，因此需要通过设计相关参数来保证闭环系统的稳定性。定理 2-3 给出了保证闭环系统稳定性的充分条件。

定理 2-3　若存在输入约束和有界加性扰动的线性时不变系统式 (2-1) 满足假设 2-1，且定理 2-2 成立，如果参数满足以下条件：

$$\bar{\lambda}(Q)(T_p - \sigma)\zeta \mathrm{e}^{\|\mathcal{A}\|T_p}\left(\zeta \mathrm{e}^{\|\mathcal{A}\|T_p} + \frac{2T_p\epsilon}{\sigma}\right) + \bar{\lambda}(P)(r + \epsilon)\zeta \mathrm{e}^{\|\mathcal{A}\|T_p} \leqslant \underline{\lambda}(Q)\sigma\epsilon^2 \quad (2\text{-}33)$$

则算法 2-1 控制下的闭环系统是稳定的，并且系统状态最终在不变集 $\Xi(\epsilon_f)$（如图 2-1 所示）中保持稳定，其中

$$\epsilon_f = \left(\frac{2\bar{\lambda}(Q)(T_p - \sigma)\epsilon\zeta \mathrm{e}^{\|\mathcal{A}\|T_p}}{\sigma\underline{\lambda}(Q)} + \frac{\zeta^2}{4}\mathrm{e}^{2\|\mathcal{A}\|T_p} + \frac{\bar{\lambda}(P)}{\sigma\underline{\lambda}(Q)}(r + \epsilon)\zeta \mathrm{e}^{\|\mathcal{A}\|T_p}\right)^{1/2} \quad (2\text{-}34)$$

证明　根据初始位置与鲁棒终端域的关系，稳定性证明分两种情况展开。首先考虑初始状态不在鲁棒终端域内的情况，即 $x(t_0) \in \mathcal{X}\backslash\Xi(\epsilon)$。考虑到代价函数的定义，最优代价函数 $\mathcal{C}\left(x^*\left(\alpha|t_j\right), u^*\left(\alpha|t_j\right)\right)$ 被指定为系统的 Lyapunov 函数，由 $\tilde{u}\left(\alpha|t_{j+1}\right)$ 的次优性，易知

$$\mathcal{C}(x^*(\alpha|t_{j+1}), u^*(\alpha|t_{j+1})) - \mathcal{C}(x^*(\alpha|t_j), u^*(\alpha|t_j))$$

$$\leqslant \mathcal{C}(\tilde{x}(\alpha|t_{j+1}), \tilde{u}(\alpha|t_{j+1})) - \mathcal{C}(x^*(\alpha|t_j), u^*(\alpha|t_j)) \quad (2\text{-}35)$$

不妨定义一个函数

$$\Delta\mathcal{C} = \mathcal{C}(\tilde{x}(\alpha|t_{j+1}), \tilde{u}(\alpha|t_{j+1})) - \mathcal{C}(x^*(\alpha|t_j), u^*(\alpha|t_j)) \quad (2\text{-}36)$$

式中的 $\tilde{u}(\alpha|t_{j+1})$ 由式 (2-15) 定义。根据代价函数的定义，可以推导得到

$$\Delta \mathcal{C} = \int_{t_{j+1}}^{t_{j+1}+T_p} \Big(\|\tilde{x}(\alpha|t_{j+1})\|_Q^2 + \|\tilde{u}(\alpha|t_{j+1})\|_R^2 \Big) \mathrm{d}\alpha$$
$$+ \|\tilde{x}(t_{j+1}+T_p|t_{j+1})\|_P^2 - \|x^*(t_j+T_p|t_j)\|_P^2$$
$$- \int_{t_j}^{t_j+T_p} \Big(\|x^*(\alpha|t_j)\|_Q^2 + \|u^*(\alpha|t_j)\|_R^2 \Big) \mathrm{d}\alpha \quad (2\text{-}37)$$

考虑到当 $\alpha \in [t_j+T_p, t_{j+1}+T_p]$ 时，$\tilde{u}(\alpha|t_{j+1}) = \mathcal{H}\tilde{x}(\alpha|t_{j+1})$ 可以由引理 2-1 得到，所以有

$$\int_{t_j+T_p}^{t_{j+1}+T_p} \Big(\|\tilde{x}(\alpha|t_{j+1})\|_Q^2 + \|\tilde{u}(\alpha|t_{j+1})\|_R^2 \Big) \mathrm{d}\alpha$$
$$\leqslant \|\tilde{x}(t_j+T_p|t_{j+1})\|_P^2 - \|\tilde{x}(t_{j+1}+T_p|t_{j+1})\|_P^2 \quad (2\text{-}38)$$

此时，由式 (2-37) 可以得到

$$\Delta \mathcal{C} = \int_{t_{j+1}}^{t_j+T_p} \Big(\|\tilde{x}(\alpha|t_{j+1})\|_Q^2 - \|x^*(\alpha|t_j)\|_Q^2 \Big) \mathrm{d}\alpha$$
$$+ \|\tilde{x}(t_j+T_p|t_{j+1})\|_P^2 - \|x^*(t_j+T_p|t_j)\|_P^2$$
$$- \int_{t_j}^{t_{j+1}} \Big(\|x^*(\alpha|t_j)\|_Q^2 + \|u^*(\alpha|t_j)\|_R^2 \Big) \mathrm{d}\alpha \quad (2\text{-}39)$$

为方便后续计算和说明，定义

$$\Delta \mathcal{C} = \Delta \mathcal{C}_1 + \Delta \mathcal{C}_2 + \Delta \mathcal{C}_3 \quad (2\text{-}40)$$

其中

$$\Delta \mathcal{C}_1 = \int_{t_{j+1}}^{t_j+T_p} \Big(\|\tilde{x}(\alpha|t_{j+1})\|_Q^2 - \|x^*(\alpha|t_j)\|_Q^2 \Big) \mathrm{d}\alpha \quad (2\text{-}41)$$

$$\Delta \mathcal{C}_2 = \|\tilde{x}(t_j+T_p|t_{j+1})\|_P^2 - \|x^*(t_j+T_p|t_j)\|_P^2 \quad (2\text{-}42)$$

$$\Delta \mathcal{C}_3 = -\int_{t_j}^{t_{j+1}} \Big(\|x^*(\alpha|t_j)\|_Q^2 + \|u^*(\alpha|t_j)\|_R^2 \Big) \mathrm{d}\alpha \quad (2\text{-}43)$$

接下来，对这三项分别讨论。

对于 $\Delta\mathcal{C}_1$，由式 (2-6) 中的鲁棒约束可知，当 $\alpha \in [t_{j+1}, t_j+T_p]$ 时，$\|x^*(\alpha|t_j)\| \leqslant \dfrac{T_p\epsilon}{\sigma}$，则由 Holder 不等式可得

$$
\begin{aligned}
\Delta\mathcal{C}_1 \leqslant &\bar{\lambda}(Q)\int_{t_{j+1}}^{t_j+T_p} \|x(\alpha|t_{j+1}) - x^*(\alpha|t_j)\|^2 \mathrm{d}\alpha \\
&+ 2\bar{\lambda}(Q)\int_{t_{j+1}}^{t_j+T_p} \|x(\alpha|t_{j+1}) - x^*(\alpha|t_j)\| \cdot \max_{\alpha} \|x^*(\alpha|t_j)\| \mathrm{d}\alpha \\
\leqslant &\bar{\lambda}(Q)(T_p - \sigma)\zeta e^{\|\mathcal{A}\|T_p} \left(\zeta e^{\|\mathcal{A}\|T_p} + \frac{2T_p\epsilon}{\sigma} \right)
\end{aligned} \tag{2-44}
$$

对于 $\Delta\mathcal{C}_2$，可以得到

$$
\begin{aligned}
\Delta\mathcal{C}_2 \leqslant &\bar{\lambda}(P)\left(\|\tilde{x}(t_j + T_p|t_{j+1}) - x^*(t_j + T_p|t_j)\|\right)\left(\|\tilde{x}(t_j + T_p|t_{j+1})\| \right. \\
&\left. + \|x^*(t_j + T_p|t_j)\|\right) \leqslant \bar{\lambda}(P)(\gamma + \epsilon)\zeta e^{\|\mathcal{A}\|T_p}
\end{aligned} \tag{2-45}
$$

对于 $\Delta\mathcal{C}_3$，因为初始状态 $x(t_0) \in \mathcal{X} \backslash \Xi(\epsilon)$，所以有

$$
\Delta\mathcal{C}_3 \leqslant -\int_{t_j}^{t_{j+1}} \|x^*(\alpha|t_j)\|_Q^2 \mathrm{d}\alpha \leqslant -\underline{\lambda}(Q)\sigma\epsilon^2 \tag{2-46}
$$

联立式 (2-40)、式 (2-44)、式 (2-45) 及式 (2-46) 可得

$$
\Delta\mathcal{C} \leqslant \bar{\lambda}(Q)(T_p - \sigma)\zeta e^{\|\mathcal{A}\|T_p} \left(\zeta e^{\|\mathcal{A}\|T_p} + \frac{2T_p\epsilon}{\sigma} \right) + \bar{\lambda}(P)(r + \epsilon)\zeta e^{\|\mathcal{A}\|T_p} - \underline{\lambda}(Q)\sigma\epsilon^2 \tag{2-47}
$$

根据 Lyapunov 稳定性判据，证明系统的 Lyapunov 函数单调递减即可保证闭环系统的稳定性，式 (2-47) 结合式 (2-35) 和式 (2-33)，可以得到 $\Delta\mathcal{C} \leqslant 0$，表明最优代价函数 $\mathcal{C}\left(x^*(\alpha|t_j), u^*(\alpha|t_j)\right)$ 随时间单调递减。假设系统状态 $\tilde{x}(t)$ 不能在有限时间内进入鲁棒终端域 $\Xi(\epsilon)$，那么最优代价函数必然随时间增加而减小至无穷小，这显然与其是二次型函数的事实相矛盾。

至此，以上讨论已经证明了初始状态 $x(t_0) \in \mathcal{X} \backslash \Xi(\epsilon)$ 时，状态在有限时间内会进入鲁棒终端域。接下来将证明当初始状态已经在鲁棒终端域内时，即 $x(t_0) \in \Xi(\epsilon)$ 时，系统状态最终会收敛到一个更小的不变集 $\Xi(\epsilon_f)$。

由于 $x(t_0) \in \Xi(\epsilon)$，$\Delta\mathcal{C}_1$ 可以重新表达为

$$
\Delta\mathcal{C}_1 \leqslant \int_{t_{j+1}}^{t_j+T_p} \left(\|\tilde{x}(\alpha|t_{j+1}) - x^*(\alpha|t_j)\|_Q \right) \cdot \left(\|\tilde{x}(\alpha|t_{j+1})\|_Q + \|x^*(\alpha|t_j)\|_Q \right) \mathrm{d}\alpha
$$

$$\leqslant 2\bar{\lambda}(Q)(T_p - \sigma)\epsilon\zeta\mathrm{e}^{\|\mathcal{A}\|T_p} \tag{2-48}$$

因为 $\Delta\mathcal{C}_2$ 与系统的初始状态无关，所以式 (2-45) 仍然成立。

至于 $\Delta\mathcal{C}_3$，借助于触发条件式 (2-8) 和引理 2-1，可以得到

$$\Delta\mathcal{C}_3 \leqslant -\sigma\underline{\lambda}(Q)\left\|x^*(t_{j+1}|t_j)\right\|^2$$

$$\leqslant -\sigma\underline{\lambda}(Q)\left(\|x(t_{j+1})\|^2 - \left(\frac{\zeta}{2}\mathrm{e}^{\|\mathcal{A}\|T_p}\right)^2\right)$$

$$\leqslant -\sigma\underline{\lambda}(Q)\left(\|x(t_{j+1})\|^2 - \frac{\zeta^2}{4}\mathrm{e}^{2\|\mathcal{A}\|T_p}\right) \tag{2-49}$$

最后，联立式 (2-45)、式 (2-48) 和式 (2-49)，可以得到

$$\Delta\mathcal{C} \leqslant 2\bar{\lambda}(Q)(T_p - \sigma)\epsilon\zeta\mathrm{e}^{\|\mathcal{A}\|T_p} + \bar{\lambda}(P)(\gamma + \epsilon)\zeta\mathrm{e}^{\|\mathcal{A}\|T_p}$$

$$- \sigma\underline{\lambda}(Q)\left(\|x(t_{j+1})\|^2 - \frac{\zeta^2}{4}\mathrm{e}^{2\|\mathcal{A}\|T_p}\right) \tag{2-50}$$

这表明状态最终会收敛到一个不变集 $\Xi(\epsilon_f)$，其中

$$\epsilon_f = \left(\frac{2\bar{\lambda}(Q)(T_p - \sigma)\epsilon\zeta\mathrm{e}^{\|\mathcal{A}\|T_p}}{\sigma\underline{\lambda}(Q)} + \frac{\zeta^2}{4}\mathrm{e}^{2\|\mathcal{A}\|T_p} + \frac{\bar{\lambda}(P)}{\sigma\underline{\lambda}(Q)}(r + \epsilon)\zeta\mathrm{e}^{\|\mathcal{A}\|T_p}\right)^{1/2} \tag{2-51}$$

通过对以上两种初始状态的分析与论证，定理 2-3 得证。 □

备注 2-8 通过以上分析，不难发现触发阈值 ζ 和控制性能密切相关。同样的扰动下，如果选择更大的事件间隔 σ（它是触发阈值中一个可以调节的参数），就可以大幅降低计算成本，但是同时会降低控制性能；相反，如果降低事件间隔，就意味着同样的控制时间内增加了求解 OCP 的次数，此时控制轨迹类似于最优控制，事件触发控制趋近于周期控制，意味着在提升控制性能的同时会增加求解 OCP 的计算负担。需要说明的是，由于不等式的保守性，定理 2-2 和定理 2-3 是保证控制性能（可行性和稳定性）的充分条件。

备注 2-9 根据对算法可行性和闭环系统稳定性的证明，可以发现在设计过程中，系统参数和性能之间是密切相关的。想要得到更大的状态初始可行域总是需要更大的控制输入或更长的预测时域，而更长的预测时域又会累积扰动的影响，进而增加计算负荷。总之，设计参数的选择总是同时影响控制性能和计算资源的消耗，而这两者显然不能同时实现预期的目标，所以参数选择本身就是博弈的过程，需要根据实际的需求有取舍地权衡各个参数。

2.4　仿真验证

2.4.1　数值系统

本节通过一个线性定常系统的仿真来验证本章提出算法的有效性，其状态空间方程为

$$\dot{x}(t) = \begin{bmatrix} 2.5 & -1.75 \\ 0.8 & 0.1 \end{bmatrix} x(t) + \begin{bmatrix} 1 \\ -0.2 \end{bmatrix} u(t) + \begin{bmatrix} 0.5 \\ 0.5 \end{bmatrix} w(t) \tag{2-52}$$

用于仿真的初始状态被设定为 $x_0(t) = [0.5\ 0.75]^{\mathrm{T}}$，控制目标点为原点。控制输入的硬约束为 $\mathcal{U} \triangleq \{u(t)|\ \|u(t)\| \in [-2, 2]\}$，系统受到的随机加性扰动满足 $\|w(t)\| \leqslant \eta$，根据定理 2-2，η 的计算结果为 2.65×10^{-5}。代价函数中的权重矩阵被设定为 $Q = \mathrm{diag}\{1.5,\ 1.5\}$，$R = 0.1$。借助于文献 [124] 提供的方法，引理 2-1 中的局部状态反馈矩阵为 $\mathcal{H} = [8.3168,\ 1.2745]$，正定矩阵 $P = [2.9397,\ 4.1591;\ 4.1591,\ 9.3617]$。此外，预测控制器相关参数被设置如下，预测时域 $T_p = 3.5\mathrm{s}$，触发参数 $h = 1\mathrm{s}$（基于条件 $h \in [T_p - \sigma, \sigma]$ 和式 (2-20)）。仿真总时长为 10s，采样间隔为 0.05s，需要特别说明的是，0.05s 是预测控制算法在实际系统中实现时考虑的采样间隔。虽然本章提出 ET-MPC 算法是针对连续时间系统设计的，但由于系统硬件和网络带宽的限制，在实际系统中很难实现连续时间采样和信号传输，所以在仿真时通常需要设置一个小的采样间隔来实现 [69,125]。鲁棒终端域 $\Xi(\epsilon)$ 的半径为 $\epsilon = 0.4$，根据式 (2-33)，触发阈值可以设定为 $\zeta = 1.3656 \times 10^{-4}$。

本节将算法 2-1、周期 MPC 算法及 ET-MPC 算法 [115] 进行仿真对比，三种算法具有相同的参数配置。图 2-2 和图 2-3 分别为系统式 (2-52) 状态 $x_1(t)$ 和

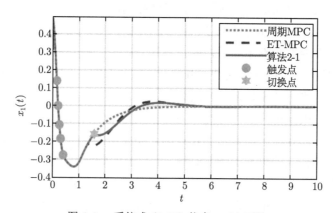

图 2-2　系统式 (2-52) 状态 $x_1(t)$ 对比

$x_2(t)$ 的对比，图中圆表示算法 2-1 控制下的触发点（即 OCP 需要被求解的时刻），六角星表示切换点（即从预测控制器切换到局部状态反馈控制器的时刻），图 2-4 中图例与此相同。可以很清楚地看到，算法 2-1 与其他两种算法的控制效果几乎相同，但值得注意的是在整个控制过程中算法 2-1 仅求解 6 次 OCP。

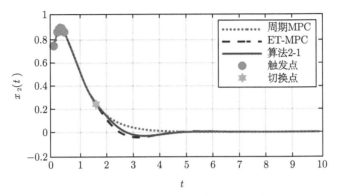

图 2-3 系统式 (2-52) 状态 $x_2(t)$ 对比

图 2-4 展示了三种控制方法下系统式 (2-52) 输入 $u(t)$ 的对比，可以看到本章提出的算法能够满足输入约束（图中点划线表示输入约束的边界），并且控制效果与其他两种算法非常接近，表明算法 2-1 是可行的。

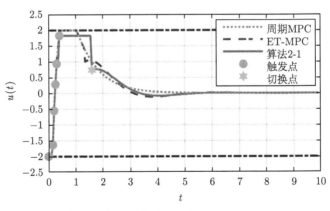

图 2-4 系统式 (2-52) 输入 $u(t)$ 对比

图 2-5 展示了 ET-MPC 算法 [115] 和算法 2-1 的触发情况，与前者相比，算法 2-1 不仅触发次数更少，而且触发间隔也更大。

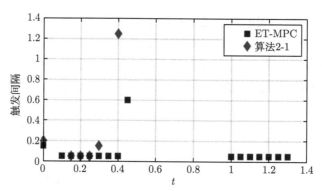

图 2-5   ET-MPC 算法[115] 和算法 2-1 触发间隔对比

将三种算法 OCP 求解次数统计到表 2-1 中，并计算了算法 2-1 相对于周期 MPC 算法和 ET-MPC 算法的提升百分比。需要说明的是，为了量化 ET-MPC 算法在控制器计算量和通信资源消耗方面的提升，本节从 OCP 求解次数的角度引入如下公式[126]：

$$S = \frac{T_1 - T_2}{T_1} \times 100\% \tag{2-53}$$

式中，T_1、T_2 分别表示方法 1 和方法 2 的 OCP 求解次数；S 表示方法 2 相对于方法 1 的资源利用率提升百分比。

表 2-1   三种算法 OCP 求解次数对比 (数值系统)

算法	OCP 求解次数	提升百分比
周期 MPC	200	—
ET-MPC	16	92%
算法 2-1	6	97%（62.5%*）

* 算法 2-1 相对于 ET-MPC 算法[115] 的提升百分比。

结果表明，在相同的控制参数下，ET-MPC 算法[115] 和本章提出的基于微分信息的线性系统 ET-MPC 算法比周期 MPC 算法具有更少的触发时间。值得注意的是，算法 2-1 的触发次数比 ET-MPC 算法[115] 和周期 MPC 算法分别少 62.5% 和 97%，而控制性能却几乎没有变化。这说明本章设计的基于微分信息的线性系统 ET-MPC 算法能够在减少计算量和保持控制性能之间取得较为理想的平衡。

2.4.2   卫星控制系统

卫星控制系统是一种典型的复杂机电系统，因为线性化并不影响其主要的系统特性,所以通常被用于验证线性系统控制方法的有效性[127-129],其结构示意图如图 2-6 所示。

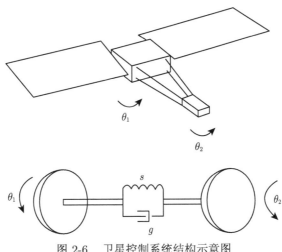

图 2-6 卫星控制系统结构示意图

可以看到,其运动学模型可以简化为由两个柔性杆连接的两个刚体,其中连杆可以简化为力矩系数为 s 和黏性阻尼常数为 g 的弹簧,其运动学方程可以写为

$$\begin{cases} J_1\ddot{\theta}_1 + g(\dot{\theta}_1 - \dot{\theta}_2) + s(\theta_1 - \theta_2) = T_c \\ J_2\ddot{\theta}_2 + g(\dot{\theta}_2 - \dot{\theta}_1) + s(\theta_2 - \theta_1) = \omega \end{cases} \tag{2-54}$$

式中,J_1、J_2、θ_1、θ_2 分别表示主体与运动模块的转动惯量与偏航角。需要注意的是,本节的物理量均采用标准的国际单位制,为了表达方便均略去单位。T_c 和 ω 分别表示控制扭矩与加性扰动。令控制输入为 $u = T_c$,系统状态为 $x = \left[\theta_1, \theta_2, \dot{\theta}_1, \dot{\theta}_2\right]^{\mathrm{T}}$,则此时系统的状态空间方程可以表示为

$$\dot{x}(t) = \begin{bmatrix} 0 & 0 & 1 & 0 \\ 0 & 0 & 0 & 1 \\ -\dfrac{s}{J_1} & \dfrac{s}{J_1} & -\dfrac{g}{J_1} & \dfrac{g}{J_1} \\ \dfrac{s}{J_2} & -\dfrac{s}{J_2} & \dfrac{g}{J_2} & -\dfrac{g}{J_2} \end{bmatrix} x(t) + \begin{bmatrix} 0 \\ 0 \\ 1 \\ 0 \end{bmatrix} u(t) + \begin{bmatrix} 0 \\ 0 \\ 0 \\ 1 \end{bmatrix} \omega(t) \tag{2-55}$$

式中的参数选择为 $J_1 = J_2 = 1\,\mathrm{kg \cdot m^2}$,$s = 0.3$,$g = 0.04$。控制输入约束为

$u(t) \in [-1\mathrm{N} \cdot \mathrm{m}, \ 1\mathrm{N} \cdot \mathrm{m}]$，代价函数中的权重矩阵分别设定为 $Q = \mathrm{diag}\{1.5, 1.5\}$，$R = 0.1$。为了满足假设 2-1，设定局部状态反馈矩阵为 $K = [-1.0903, -21.6437,$ $-20.0865, -9.9227]$，则此时根据引理 2-1 权重矩阵 P 可以计算为

$$P = \begin{bmatrix} -2.1123 & 3.7385 & -0.4894 & -15.5595 \\ 3.7385 & -4.7839 & 1.0849 & -1.7072 \\ -0.4894 & 1.0849 & 0.3364 & -3.0835 \\ -15.5595 & -1.7072 & -3.0835 & -59.1098 \end{bmatrix}$$

此外，根据定理 2-2 中的条件，鲁棒终端域设定为 $\Xi(\epsilon) \triangleq \{x \in \mathbb{R}^n | \|x(t)\| \leqslant 0.20\}$，即 $\epsilon = 0.2$，计算得到容许扰动上界为 $\eta = 4 \times 10^{-3}$。总仿真时间设定为 20s，预测时域 $T_p = 3\mathrm{s}$，用于仿真的采样间隔 $\Delta t = 0.1\mathrm{s}$，初始状态设置为 $x_0 = [-0.8 \,\mathrm{rad}, 0.5 \,\mathrm{rad}, -0.3 \,\mathrm{rad} \cdot \mathrm{s}^{-1}, 0.2 \,\mathrm{rad} \cdot \mathrm{s}^{-1}]^{\mathrm{T}}$。

本节仿真对比了周期 MPC 算法、ET-MPC 算法 [130] 与算法 2-1 的控制性能，三者基于相同的参数配置，仿真结果如图 2-7~ 图 2-9 所示，图 2-7 展示了系统四个状态分量的对比，图 2-8 展示了系统控制扭矩的对比，可以看到三种算法的控制效果几乎完全一样，都能满足约束且平滑地达到稳定状态。

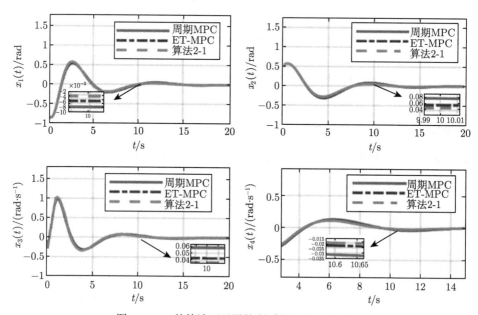

图 2-7　三种算法下卫星控制系统状态分量对比

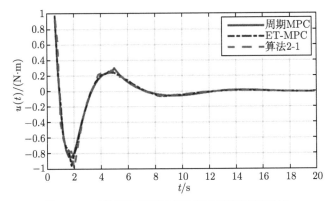

图 2-8 三种算法下卫星控制系统控制扭矩对比

图 2-9 展示了两种算法的触发情况，其中竖线表示在当前时刻 OCP 被求解，其高度表示触发间隔。可以清楚地看到，算法 2-1 相对于 ET-MPC 算法不仅触发次数减少了，而且触发间隔变大了，说明算法 2-1 在减少 OCP 求解次数方面具有优势。

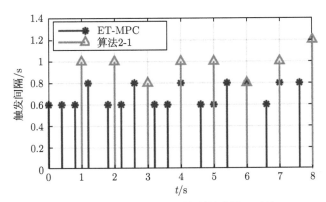

图 2-9 两种算法下卫星控制触发情况对比

为了更清晰地展示算法 2-1 的优势，表 2-2 汇总了三种算法 OCP 的求解次数。由表 2-2 可看出，算法 2-1 的 OCP 求解次数相对 ET-MPC 算法[130] 和周期 MPC 算法分别降低了 52.9% 和 96%。这说明本章设计的基于微分信息的 ET-MPC 算法在保持控制性能的同时能够大幅度减少在线计算量。

备注 2-10 本节仿真平台为搭载 11th Gen Intel® Core™i5-11500 2.70GHz CPU 和 16.0 GB RAM 的台式计算机，其中求解 OCP 部分基于 64 位 Windows 10 系统下的 MATLAB 2021a 中的 Fmincon 函数。后续章节中的仿真环境与此节相同，不再赘述。

表 2-2 三种算法 OCP 求解次数对比 (卫星控制系统)

算法	OCP 求解次数	提升率
周期 MPC	200	—
ET-MPC	17	91.5%
算法 2-1	8	96%（52.9% *）

* 算法 2-1 相对 ET-MPC 算法 [130] 的提升百分比。

2.5 本 章 小 结

本章首先提出了一种针对线性时不变系统的基于微分信息的 ET-MPC 算法，以减少计算量和通信资源的消耗，同时保持稳定的控制性能，并基于该算法和"双模"控制设计了考虑微分信息的线性系统 ET-MPC 算法。这种控制方法的触发条件由两个相邻采样间隔的实际状态和最优预测状态之间的误差微分来确定，这样可以通过最小化 OCP 的求解次数来减少计算负担。其次，通过严格的数学推导，保证系统不会存在芝诺效应，并证明了算法 2-1 的迭代可行性和闭环系统的渐近稳定性。结果表明闭环系统的稳定性条件与容许扰动上界、预测时域和代价函数中的权重矩阵等因素有关，并且证明了系统在一定条件下收敛于一个不变集。最后，通过数值系统和卫星控制系统的仿真验证了算法的有效性。

第 3 章　基于微分信息的非线性系统事件触发鲁棒预测控制

由于实际的物理系统总是具有不同程度的非线性特征，因此本章针对存在加性扰动的非线性系统提出一种基于状态误差微分信息的 ET-MPC 算法，防止系统状态突变的影响并降低平均采样频率。此外，引入一种改进的鲁棒状态约束来处理加性扰动，使预测控制问题可以在保证系统的鲁棒稳定性的前提下扩大初始可行域。通过分析引入的事件触发机制和鲁棒状态约束后预测控制系统性能的变化规律，严格论证 ET-MPC 算法可以避免芝诺效应，并获得保证算法可行性和闭环系统稳定性的充分条件。最后，通过仿真和比较验证该算法的有效性。

3.1　问 题 描 述

本章的研究对象是受输入和状态硬约束以及有界加性扰动的非线性系统，需要强调的是车辆减振缓冲系统[131] 和移动机器人系统[132,133] 等机电系统动态模型均具有不同程度的非线性特征，因此本章针对此类系统进行控制方法设计及稳定性分析。其系统模型可以表示为

$$\dot{x}(t) = g\left(x(t), u(t)\right) + \omega(t) \tag{3-1}$$

式中，$x(t)$ 和 $u(t)$ 分别表示系统状态轨迹和控制输入，$t \geqslant 0$，并且初始状态 $x(t_0) = x_0$，状态和输入分别满足约束

$$x(t) \in \mathcal{X}, \quad u(t) \in \mathcal{U} \tag{3-2}$$

式中，$\mathcal{X} \subset \mathbb{R}^n$ 和 $\mathcal{U} \subset \mathbb{R}^m$ 是包含原点为其内点的两个凸紧集；$\omega(t) \in \mathcal{W} \subset \mathbb{R}^l$，表示随机加性扰动，其上确界为 $\rho \triangleq \sup_{\omega(t) \in \mathcal{W}} \|\omega(t)\|$。关于 $g(x,u)$ 有如下标准假设。

假设 3-1[69,70,134]　$g(x,u) : \mathbb{R}^n \times \mathbb{R}^m \to \mathbb{R}^l$ 是一个二次连续可微非线性函数，原点是其平衡点，即 $g(0,0) = 0$。此外，函数 $g(x,u)$ 关于 $x(t) \in \mathcal{X}$ Lipschitz 连续，其中 Lipschitz 常数为 L_g，即对任意的 x_1，$x_2 \in \mathbb{R}^n$ 均满足

$$\|g(x_1, u) - g(x_2, u)\| \leqslant L_g \|x_1 - x_2\| \tag{3-3}$$

当扰动 $\omega(t) = 0$ 时，系统式 (3-1) 对应的标称系统可以表示为

$$\dot{x} = g\left(x(t), u(t)\right) \tag{3-4}$$

值得注意的是，系统动力学式 (3-4) 将在后续用于构建 OCP 的等式约束。将式 (3-4) 在平衡点 $(0,0)$ 处雅可比线性化，可以得到如下线性状态空间模型：

$$\dot{x}(t) = \mathcal{A}x(t) + \mathcal{B}u(t) \tag{3-5}$$

式中，$\mathcal{A} = \left.\dfrac{\partial g(x,u)}{\partial x}\right|_{(0,0)}$；$\mathcal{B} = \left.\dfrac{\partial g(x,u)}{\partial u}\right|_{(0,0)}$。

接下来，将引入一个关于线性化模型式 (3-5) 的常规假设，应用在后续的引理 3-1 中。

假设 3-2[125]　对于系统式 (3-5)，存在一个状态反馈增益矩阵 $\mathcal{K}$，使得 $\mathcal{A}+\mathcal{B}\mathcal{K}$ 是 Hurwitz 矩阵。

备注 3-1　如果假设 3-2 成立，则可以通过极点配置或线性最优控制等技术，如线性二次型调节器（linear quadratic regulator, LQR），来获得增益矩阵 $\mathcal{K}$。值得注意的是，假设 3-2 是有关预测控制系统文献中的标准假设，如文献 [69]、[83]、[130]。一般情况下，原始系统强非线性导致线性化模型的不精确会影响控制性能，因为强非线性系统的终端域较小 [125]。然而，只要线性化模型是可稳定的，本章设计的控制器就是有效的。

对于非线性系统式 (3-1)，可证明一个与终端域和终端控制器相关的结果，见引理 3-1。

引理 3-1　二次连续可微函数 $g(x,u)$ 满足 $g(0,0) = 0$，$u(t)$ 是分段右连续的且假设 3-2 成立，给定两个正定对称矩阵 $\mathcal{Q}, \mathcal{R} > 0$，则存在一个状态反馈增益矩阵 $\mathcal{K}$ 和一个常数 $\kappa > 0$，使得下面的表述成立。

（1）Lyapunov 方程：

$$(\mathcal{A} + \mathcal{B}\mathcal{K} + \kappa I)^{\mathrm{T}} \mathcal{P} + \mathcal{P}(\mathcal{A} + \mathcal{B}\mathcal{K} + \kappa I) = -\mathcal{Q}^* \tag{3-6}$$

有唯一正定解 $\mathcal{P} > 0$，其中 $\mathcal{Q}^* = \mathcal{Q} + \mathcal{K}^{\mathrm{T}}\mathcal{R}\mathcal{K}$，$\kappa < -\bar{\lambda}(\mathcal{A} + \mathcal{B}\mathcal{K})$。

（2）存在一个正实数 $\Psi > 0$，定义平衡点的邻域如下：

$$\Omega(\Psi) \triangleq \{x \in \mathbb{R}^n \mid \|x(t)\|_{\mathcal{P}} \leqslant \Psi\} \tag{3-7}$$

式中，$\Omega(\Psi) \subseteq \mathcal{X}$，即状态在 $\Omega(\Psi)$ 内时满足系统状态约束。$\Omega(\Psi)$ 是局部状态反馈控制器 $u(t) = \mathcal{K}x(t)$ 控制下非线性系统式 (3-4) 的一个鲁棒正不变集，当 $x(t) \in \Omega(\Psi)$ 时，局部状态反馈控制器满足控制约束，即 $u(t) = \mathcal{K}x(t) \in \mathcal{U}$。

（3）当 $x(t) \in \Omega(\Psi)$ 时，$\dot{G}(x(t)) \leqslant -\|x(t)\|_{\mathcal{Q}^*}^2$，其中 $G(x(t)) \triangleq \|x(t)\|_{\mathcal{P}}^2$。

证明 由于 $\mathcal{Q} > 0$ 是一个正定对称矩阵，根据矩阵论的相关知识，只要矩阵 $\mathcal{A} + \mathcal{BK} + \kappa I$ 所有特征值均有负实部，则 Lyapunov 方程具有唯一正定解 $\mathcal{P} > 0$，考虑到 $\mathcal{A} + \mathcal{BK}$ 是稳定的并且有 $\kappa < -\bar{\lambda}(\mathcal{A} + \mathcal{BK})$，因此表述（1）成立。

因为凸紧集 $\mathcal{X}$ 和 $\mathcal{U}$ 包含平衡点（原点）为其内点，对于一个确定的正定矩阵 $\mathcal{P}$，总能找到一个常数 $\Psi > 0$ 使其满足 $\|x(t)\|_{\mathcal{P}} \leqslant \Psi$，且满足 $u(t) = \mathcal{K}x(t) \in \mathcal{U}$ 和 $\Omega(\Psi) \subseteq \mathcal{X}$，所以表述（2）成立。

进一步地，当 $x(t) \in \Omega(\Psi)$ 时，对 $G(x(t)) = \|x(t)\|_{\mathcal{P}}^2$ 沿着非线性系统 $\dot{x} = g(x(t), \mathcal{K}x(t))$ 的轨迹对时间求导，可得

$$\frac{\mathrm{d}}{\mathrm{d}t} x(t)^{\mathrm{T}} \mathcal{P} x(t) = x(t)^{\mathrm{T}} \left((\mathcal{A} + \mathcal{BK})^{\mathrm{T}} \mathcal{P} + \mathcal{P}(\mathcal{A} + \mathcal{BK}) \right) x(t)$$
$$+ 2x(t)^{\mathrm{T}} \mathcal{P} \varphi(x(t)) \tag{3-8}$$

式中，$\varphi(x(t)) \triangleq g(x(t), \mathcal{K}x(t)) - (\mathcal{A} + \mathcal{BK}) x(t)$，则式 (3-8) 的第二项满足：

$$x(t)^{\mathrm{T}} \mathcal{P} \varphi(x(t)) \leqslant \|x(t)^{\mathrm{T}}\| \cdot \|\mathcal{P}\| \cdot \|\varphi(x(t))\|$$
$$\leqslant \bar{\varphi} \cdot \|\mathcal{P}\| \cdot \|x(t)\|^2$$
$$\leqslant \bar{\varphi} \|\mathcal{P}\| \frac{\|x(t)\|^2}{\underline{\lambda}(\mathcal{P})} \tag{3-9}$$

式中，$\bar{\varphi} \triangleq \sup_{x(t) \in \Omega(\Psi)} \{\|\varphi(x(t))\| / \|x(t)\|\}$。显然，可以找到一个合适的常数 $\bar{\varphi}$，使得

$$\bar{\varphi} \leqslant \frac{\underline{\lambda}(\mathcal{P})\kappa}{\|\mathcal{P}\|} \tag{3-10}$$

成立。此时，将式 (3-9) 和式 (3-10) 代入式 (3-8) 可得

$$\frac{\mathrm{d}}{\mathrm{d}t} x(t)^{\mathrm{T}} \mathcal{P} x(t) \leqslant x(t)^{\mathrm{T}} \left((\mathcal{A} + \mathcal{BK})^{\mathrm{T}} \mathcal{P} + \mathcal{P}(\mathcal{A} + \mathcal{BK}) \right) x(t) + 2\kappa x(t)^{\mathrm{T}} \mathcal{P} x(t)$$
$$\leqslant x(t)^{\mathrm{T}} \left((\mathcal{A} + \mathcal{BK} + \kappa I)^{\mathrm{T}} \mathcal{P} + \mathcal{P}(\mathcal{A} + \mathcal{BK} + \kappa I) \right) x(t)$$
$$\tag{3-11}$$

结合 Lyapunov 方程式 (3-6) 可得

$$\frac{\mathrm{d}}{\mathrm{d}t} x(t)^{\mathrm{T}} \mathcal{P} x(t) \leqslant -x(t)^{\mathrm{T}} \mathcal{Q}^* x(t) \tag{3-12}$$

即有 $\dot{G}(x(t)) \leqslant -\|x(t)\|_{\mathcal{Q}^*}^2$，其中 $G(x(t)) = \|x(t)\|_{\mathcal{P}}^2$，$\mathcal{Q}^* = \mathcal{Q} + \mathcal{K}^{\mathrm{T}} \mathcal{R} \mathcal{K}$。

至此，引理 3-1 得证。　　　　　　　　　　　　　　　　　　　　　　□

备注 3-2　需要注意的是，后续关于可行性和稳定性的理论分析都是基于受扰动和约束的非线性系统式 (3-1)，在平衡点附近的线性化是为了设计引理 3-3 中的状态反馈增益矩阵 $\mathcal{K}$，方便后续性能的理论分析。这种方法在非线性 MPC 系统的相关研究中被广泛采纳，如文献 [69]、[83]、[130]。

本章所研究的 ET-MPC 系统结构如图 3-1 所示，通过传感器测量物理系统的实时状态，预测控制器利用当前状态信息计算出最优控制输入，并将其传递给执行器。其中采样时间被定义为 $\{t_0, t_1, \cdots, t_k, \cdots\}$。在每个采样时刻 t_k，预测控制器都会通过求解 OCP 得到最优控制输入 $\hat{u}^*(j|t_k)$ 和与之相关的最优预测状态 $\hat{x}^*(j|t_k)$，其中 $j \in [t_k, t_k + T_p]$，T_p 为预测时域。

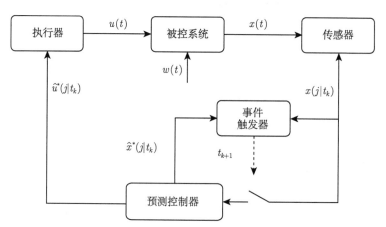

图 3-1　基于微分信息的非线性 ET-MPC 系统结构

为了节约通信资源，本章为 MPC 控制器设计了一种事件触发机制，使得控制输入以较大的时间间隔不定期地更新，而不是以固定的小时间间隔定期更新。特别地，本章的控制目标是为系统式 (3-1) 设计一个更有效的 ET-MPC 方法，以获得更好的通信性能和闭环稳定性。

3.2　算 法 设 计

本节将设计一种针对非线性系统基于微分信息的 ET-MPC 算法，首先介绍具有状态和输入约束的 OCP 及其对应的代价函数。其次提出新型事件触发机制，并严格证明其可以避免芝诺效应。最后汇总本节内容，并基于"双模"控制方法提出 ET-MPC 算法框架。

3.2.1 最优控制问题

首先，定义 $\hat{u}(j|t_k)$ 和 $\hat{x}(j|t_k)$ 分别表示第 k 个触发时刻的预测输入和预测状态，满足系统方程 $\dot{\hat{x}}(j|t_k) = g(\hat{x}(j|t_k), \hat{u}(j|t_k))$，其中 $j \in [t_k, t_k + T_p]$。在本章设计的 ET-MPC 方法中，在 t_k 时刻的 OCP 可以被设计为

$$\hat{u}^*(j|t_k) = \arg\min_{\hat{u}(j|t_k)} \mathcal{C}(\hat{x}(j|t_k), \hat{u}(j|t_k)) \tag{3-13}$$

s.t.

$$\dot{\hat{x}}(j|t_k) = g(\hat{x}(j|t_k), \hat{u}(j|t_k)), \; j \in [t_k, t_k + T_p] \tag{3-14}$$

$$\hat{u}(j|t_k) \in \mathcal{U}, \; j \in [t_k, t_k + T_p] \tag{3-15}$$

$$\|\hat{x}(j|t_k)\|_{\mathcal{P}} \leqslant \frac{(t_k + T_p - j)\mathcal{M} + j - t_k}{T_p} \nu\Psi \tag{3-16}$$

式中，$\nu \in (0,1)$ 被定义为约束收缩率；$\mathcal{M}$ 为与鲁棒约束相关的常数。求解 OCP 得到的最优控制输入 $\hat{u}^*(j|t_k)$ 应用到系统式 (3-14) 得到最优预测状态 $\hat{x}^*(j|t_k)$，其初值被规定为 $\hat{x}^*(t_k|t_k) = x(t_k)$。不同于传统的预测控制问题 [36,110,125]，本章考虑了系统的鲁棒状态约束式 (3-16)，以提高鲁棒约束的抗扰动能力。同时，从鲁棒状态约束中容易得到状态的终端状态满足终端约束条件 $\hat{x}(t_k + T_p|t_k) \in \Omega(\nu\Psi)$，其中 $\Omega(\nu\Psi) \triangleq \{x \in \mathbb{R}^n \mid \|x(t)\|_{\mathcal{P}} \leqslant \nu\Psi\}$，为鲁棒终端域。OCP 中，需要被最小化的代价函数被设计为

$$\mathcal{C}(\hat{x}(j|t_k), \hat{u}(j|t_k)) = \int_{t_k}^{t_k+T_p} F(\hat{x}(j|t_k), \hat{u}(j|t_k))\mathrm{d}j + E(\hat{x}(t_k + T_p|t_k)) \tag{3-17}$$

式中，$F(\hat{x}(j|t_k), \hat{u}(j|t_k)) = \|\hat{x}(j|t_k)\|_{\mathcal{Q}}^2 + \|\hat{u}(j|t_k)\|_{\mathcal{R}}^2$，为运行代价函数，$E(\hat{x}(t_k + T_p|t_k)) = \|\hat{x}(t_k + T_p|t_k)\|_{\mathcal{P}}^2$，为终端代价函数，权重矩阵 $\mathcal{Q}, \mathcal{R} > 0$，矩阵 $\mathcal{P}$ 可以通过引理 3-1 提到的方法求解。

备注 3-3 在 OCP 式 (3-13) 中，鲁棒性约束式 (3-16) 用于收紧预测状态的 $\mathcal{P}$ 加权范数，使 MPC 具有补偿加性扰动的能力。文献 [71] 提出了基于鲁棒性约束的预测控制方法，其收缩速度与预测时间成正比。本章采用的鲁棒约束条件中，当预测的状态轨迹收缩到终端域时，恒定的收缩速度的设计减小了鲁棒约束的保守性。与传统的状态约束相比，本章的鲁棒状态约束可以为求解 OCP 提供更大的初始可行集。

3.2.2　事件触发机制设计

为了有效地降低求解 OCP、状态采样和从控制器到执行器的信息传输的频率,进而减少控制系统计算资源的消耗,本章设计了一种针对非线性系统基于微分信息的事件触发机制来调度和执行这些任务,即确定事件触发的瞬间 $\{t_0, t_1, \cdots, t_k, \cdots\}$。在第 k 个采样时刻 t_k,根据系统式 (3-1) 和预测控制 OCP 式 (3-13),分别可以获得实际状态 $x(j|t_k)$ 和最优预测状态 $\hat{x}^*(j|t_k)$,$j \in [t_k, t_k + T_p]$。由于系统中存在加性扰动,两个序列 $x(j|t_k)$ 和 $\hat{x}^*(j|t_k)$ 之间一定存在差异。基于这一事实,这两个序列的差异可以用来构造触发下一个采样时刻的条件。本章提出的改进型事件触发条件就是基于连续两个采样时刻实际状态和最优预测状态之间误差的变化设计的,其中触发时刻可以表示为

$$\begin{cases} \bar{t}_{k+1} \triangleq \inf_{j > t_k + \delta} \{j : \|\Delta x(j|t_k)\|_{\mathcal{P}} - \|\Delta x(j - \delta|t_k)\|_{\mathcal{P}} = \xi\} \\ \Delta x(j|t_k) = \hat{x}^*(j|t_k) - x(j|t_k), \ j \in [t_k + \delta, t_k + T_p] \end{cases} \quad (3\text{-}18)$$

式中,$\Delta x(j - \delta|t_k) = \hat{x}^*(j - \delta|t_k) - x(j - \delta|t_k)$,表示最优预测状态和实际状态偏差;$\hat{x}^*(j|t_k)$ 和 $x(j|t_k)$ 表示 δ 时刻之后的相应数据,其中 $\delta \in [(1 - \zeta)T_p, \zeta T_p]$,是一个可以根据实际系统调节的触发参数,缩放因子 $\zeta \in [0.5, 1]$;$\bar{t}_{k+1}$ 是候选的第 $k+1$ 个触发时刻。

备注 3-4　需要注意的是,本章设计的触发机制中,触发阈值 ξ 是基于实际状态与最优预测状态的误差在连续时间间隔内的变化进行设计的,这与传统事件触发机制中仅考虑单一时刻状态误差[69]不同。显然,该方法的优点是以连续时间状态误差作为设计参数,可防止状态超调的影响,并能更有效地减少事件触发次数,这一点将在 3.4 节的数值仿真中得到验证。

基于触发时刻 t_k 和候选触发时刻 $\bar{t}_{k+1}$,触发时刻 t_{k+1} 可以表示为

$$t_{k+1} = \min \{\bar{t}_{k+1}, \ t_k + T_p\} \quad (3\text{-}19)$$

为了证明控制过程中不存在芝诺效应,即确保所设计的事件触发机制不会导致有限时间内无限次的触发[25],需要证明触发间隔存在一个下限。下面的定理给出了这个结果并予以证明。

定理 3-1　对于系统式 (3-1),如果触发时刻序列 $\{t_0, t_1, \cdots, t_k, \cdots\}$,$k \in \mathbb{N}$ 由式 (3-19) 决定,且触发阈值 ξ 满足:

$$\xi = \rho\bar{\lambda}(\sqrt{\mathcal{P}})\zeta T_p(1 + \mathrm{e}^{L_g \zeta T_p}) \quad (3\text{-}20)$$

则任意两个连续触发时刻的触发间隔的上界 $\sup_{k \in \mathbb{N}} \{t_{k+1} - t_k\} \leqslant T_p$,下界 $\inf_{k \in \mathbb{N}} \{t_{k+1} - t_k\} \geqslant \zeta T_p$。

证明 首先，根据触发间隔 t_{k+1} 的定义式 (3-19)，可以直接得到两个连续触发时刻的间隔不会大于预测时域 T_p，即 $\sup_{k \in \mathbb{N}} \{t_{k+1} - t_k\} \leqslant T_p$ 成立。

其次，根据三角不等式、$g(x,u)$ 的 Lipschitz 连续性和加性扰动的上界 ρ，可以得到 $\|\Delta x(j|t_k)\|_{\mathcal{P}} \leqslant \int_{t_k}^{j} L_g \|\hat{x}^*(\tau|t_k) - x(\tau|t_k)\|_{\mathcal{P}} \, d\tau + \rho \bar{\lambda}(\sqrt{\mathcal{P}})(j - t_k)$，其中 $\Delta x(j|t_k)$ 在式 (3-18) 中定义，且满足 $\Delta x(t_k|t_k) = 0$。利用 Gronwall-Bellman 不等式可得

$$\|\Delta x(j|t_k)\|_{\mathcal{P}} \leqslant \rho \bar{\lambda}(\sqrt{\mathcal{P}})(j - t_k) e^{L_g(j-t_k)} \tag{3-21}$$

引入触发条件式 (3-18)，经过适当放缩可以得到 $\|\Delta x(j|t_k)\|_{\mathcal{P}} - \|\Delta x(j - \delta|t_k)\|_{\mathcal{P}} \leqslant \rho \bar{\lambda}(\sqrt{\mathcal{P}})[(j - t_k) e^{L_g(j-t_k)}(1 + e^{-L_g\delta}) + \delta e^{L_g(j-t_k-\delta)}]$。考虑到触发阈值被设计为 $\xi = \rho \bar{\lambda}(\sqrt{\mathcal{P}}) \zeta T_p (1 + e^{L_g \zeta T_p})$ 以及触发参数满足 $\delta \in [(1 - \zeta)T_p, \zeta T_p]$，所以触发间隔满足 $\inf_{k \in \mathbb{N}} \{t_{k+1} - t_k\} \geqslant \zeta T_p$。

至此，定理 3-1 得证。 $\qquad\square$

3.2.3 事件触发模型预测控制算法设计

由引理 3-1 可知，当 $x(t) \in \Omega(\Psi)$ 时，存在一个局部状态反馈控制器 $u(t) = \mathcal{K}x(t)$ 可以稳定系统，并且满足状态和输入约束。为了进一步降低系统的计算负担，本章提出的算法采用 "双模" 控制方法[123]。具体来说，当 $x(t) \notin \Omega(\Psi)$ 时，通过求解有限时域 OCP 式 (3-13) 来获得控制输入；当 $x(t) \in \Omega(\Psi)$ 时，直接使用局部状态反馈控制器 $u(t) = \mathcal{K}x(t)$，而不需求解 OCP。基于以上控制模式，本章提出的 ET-MPC 算法伪代码如算法 3-1 所示。

算法 3-1：基于微分信息的非线性系统 ET-MPC 算法

Require: 预测时域 T_p；初始状态 x_0；触发阈值 ξ；局部状态反馈矩阵 $\mathcal{K}$；权重矩阵 $\mathcal{Q}, \mathcal{R}, \mathcal{P}$；终端域 $\Omega(\Psi)$；

初始化参数 $k = 0$。

1:     while $x(j|t_k) \notin \Omega(\Psi)$ do
2:        求解 OCP 式 (3-13) 得到 $\hat{u}^*(j|t_k), j \in [t_k, t_k + T_p]$；
3:        while 未满足触发条件式 (3-18) do
4:           应用控制输入 $\hat{u}^*(j|t_k), j \in [t_k, t_k + T_p]$；
5:        end while
6:        求解 OCP 式 (3-13)；
7:        $k = k + 1$；
8:     end while
9:     应用局部状态反馈控制器 $u(t) = \mathcal{K}x(t)$。

备注 3-5　值得注意的是，局部状态反馈控制器 $u(t) = \mathcal{K}x(t)$ 的结构比预测控制器简单，实现它只需要进行简单的离线计算。因此，当状态 $x(j|t_k)$ 进入终端域 $\Omega(\Psi)$ 时，它在局部系统中的应用是可以实现的，并且不再需要在线求解 OCP。在这种情况下，本地控制器不再采用事件触发机制。

3.3　理　论　分　析

本节介绍本章的主要理论结果。首先，分析事件触发鲁棒预测控制算法的可行性，给出保证算法可行性的充分条件。然后，建立保证受扰动闭环系统稳定的条件。

3.3.1　迭代可行性分析

基于 ET-MPC 的基本概念，每当触发条件式 (3-18) 在 t_k 时刻满足时，状态测量值 $x(j|t_k)$ 将被用于刷新 OCP 并对其重新求解，之后将获得的最优控制输入 $\hat{u}^*(j|t_k)$ 应用到系统直到触发条件再次满足。这表明，系统的原始状态在每个触发时刻由测量值刷新，换句话说，测量值是每个采样时刻预测系统未来动态的起点。

由于 OCP 式 (3-13) 需要被反复求解，保证其在 $t > 0$ 时的可行性是保证系统稳定运行的必要条件。然而由于在原预测控制方法中添加了事件触发机制，加上扰动的累积作用，都可能破坏算法的可行性，因此需要说明在每个触发时刻 t_k，至少存在一个可行的控制输入 $\tilde{u}(j|t_k)$（不必是最优的）在一定条件下可以将可行状态 $\tilde{x}(j|t_k)$ 引导到鲁棒终端域 $\Omega(\nu\Psi)$，并且输入和状态分别满足 OCP 的约束条件，即输入约束式 (3-15) 和鲁棒状态约束式 (3-16)。

本节将采用归纳法来证明算法 3-1 的迭代可行性，即假设 OCP 在 t_k 时刻存在可行解，需要证明在下一个触发时刻 t_{k+1} 的 OCP 仍有可行解，为了证明这一结果，先构建一个定义在 $j \in [t_{k+1}, t_{k+1} + T_p]$ 的可行控制输入 $\tilde{u}(j|t_{k+1})$ 如下：

$$\tilde{u}(j|t_{k+1}) = \begin{cases} \hat{u}^*(j|t_k), & j \in [t_{k+1}, t_k + T_p] \\ \mathcal{K}\tilde{x}(j|t_{k+1}), & j \in [t_k + T_p, t_{k+1} + T_p] \end{cases} \tag{3-22}$$

式中，$\mathcal{K}\tilde{x}(j|t_{k+1})$ 为局部状态反馈控制器；和 $\tilde{u}(j|t_{k+1})$ 相关的可行状态可以通过 $\dot{\tilde{x}}(j|t_{k+1}) = g\left(\tilde{x}(j|t_{k+1}), \tilde{u}(j|t_{k+1})\right)$ 计算，其中 $j \in [t_{k+1}, t_{k+1} + T_p]$，且其初值满足 $\tilde{x}(t_{k+1}|t_{k+1}) = x(t_{k+1})$。

在给出本节的主要结果之前，先给出一个关于可行状态 $\tilde{x}(j|t_{k+1})$ 和最优预测状态 $\hat{x}^*(j|t_k)$ 关系的引理 3-2 并予以证明。该引理将在接下来的分析中作为重

要的基础条件。

引理 3-2 当 $j \in [t_{k+1}, t_{k+1} + T_p]$ 时，有以下关系式：

$$\|\Xi(j)\|_{\mathcal{P}} \leqslant \xi e^{L_g(1-\zeta)T_p} \tag{3-23}$$

式中，$\Xi(j) = \tilde{x}(j|t_{k+1}) - \hat{x}^*(j|t_k)$，且满足 $\tilde{x}(t_{k+1}|t_{k+1}) = x(t_{k+1})$。

证明 根据三角不等式，可得 $\Xi(j) = \int_{t_{k+1}}^{j} g(\tilde{x}(j|t_{k+1}), \tilde{u}(j|t_{k+1})) dj +$

$\tilde{x}(t_{k+1}|t_{k+1}) - \int_{t_{k+1}}^{j} g(\hat{x}^*(j|t_k), \hat{u}^*(j|t_k)) dj - \hat{x}^*(t_{k+1}|t_k)$，考虑到 $g(x,u)$ 的 Lip-schitz 连续性，可以计算得到

$$\|\Xi(j)\|_{\mathcal{P}} \leqslant L_g \int_{t_{k+1}}^{j} \|\Xi(j)\|_{\mathcal{P}} dj + \|\Xi(t_{k+1})\|_{\mathcal{P}} \tag{3-24}$$

下面将证明 $\|\Xi(t_{k+1})\|_{\mathcal{P}} = \|\tilde{x}(t_{k+1}|t_{k+1}) - \hat{x}^*(t_{k+1}|t_k)\|_{\mathcal{P}}$ 和触发阈值 ξ 有关。假设当 $j \in [t_k, t_{k+1}]$ 时，$\sigma = \|\tilde{x}(t_k + h|t_k) - \hat{x}^*(t_k + h|t_k)\|_{\mathcal{P}}$ 是 $\|\tilde{x}(j|t_k) - \hat{x}^*(j|t_k)\|_{\mathcal{P}}$ 的上界，其中 $h \in [\zeta T_p, T_p]$。通过定理 3-1 可知 $\sigma \leqslant \rho\bar{\lambda}(\sqrt{\mathcal{P}})e^{L_gh}h \leqslant \xi$，由 σ 的定义可以获得 $\|\Xi(t_{k+1})\|_{\mathcal{P}} \leqslant \sigma \leqslant \xi$，再借助于 Gronwall-Bellman 不等式就可以得到式 (3-23)。

至此引理 3-2 得证。 □

在使用归纳原理证明迭代可行性之前，需要先说明一个必要的假设。

假设 3-3 OCP 式 (3-13) 在初始时刻 t_0 有可行解 $\hat{u}^*(j|t_0)$。

可行性结果在下面的定理中详细说明。

定理 3-2 若假设 3-1～ 假设 3-3 成立，则算法 3-1 在以下条件满足时是迭代可行的：

$$\rho\bar{\lambda}(\sqrt{\mathcal{P}})\zeta T_p(e^{L_g(1-\zeta)T_p} + e^{L_gT_p}) \leqslant (1-\nu)\Psi \tag{3-25}$$

$$T_p \geqslant -2\frac{\bar{\lambda}(\mathcal{P})}{\underline{\lambda}(\mathcal{Q}^*)\zeta}\ln\nu \tag{3-26}$$

$$\mathcal{M} \geqslant \max\left\{\frac{1}{\nu\zeta} - \frac{1}{\zeta} + 1, 1 + \frac{\xi}{\nu\Psi}e^{L_g(1-\zeta)T_p}\right\} \tag{3-27}$$

此外，系统的容许扰动上界可以计算为

$$\rho \leqslant \frac{(1-\nu)\Psi}{\bar{\lambda}(\sqrt{\mathcal{P}})\zeta T_p(e^{L_g(1-\zeta)T_p} + e^{L_gT_p})} \tag{3-28}$$

证明 （1）根据可行控制输入 $\tilde{u}(j|t_{k+1})$ 的定义式 (3-22)，由 $j \in [t_{k+1}, t_k + T_p]$ 时 t_k 时刻最优控制输入 $\hat{u}^*(j|t_k)$ 的可行性和 $j \in [t_k + T_p, t_{k+1} + T_p]$ 时由引理 3-1 定义的 $\tilde{u}(j|t_{k+1}) = \mathcal{K}\tilde{x}(j|t_{k+1})$，可知 $\tilde{u}(j|t_{k+1}) \in \mathcal{U}$ 成立。

（2）证明系统状态 $\tilde{x}(j|t_{k+1})$ 在有限的时间内将进入终端域 $\Omega(\Psi)$，即 $\|\tilde{x}(j|t_{k+1})\|_{\mathcal{P}} \leqslant \Psi$。

当 $j \in [t_{k+1}, t_k + T_p]$ 时，由引理 3-4 可知 $\|\tilde{x}(j|t_{k+1}) - \hat{x}^*(j|t_k)\|_{\mathcal{P}} \leqslant \xi e^{L_g(1-\zeta)T_p}$，则当 $j = t_k + T_p$ 时，由三角不等式可以得到

$$\|\tilde{x}(t_k + T_p|t_{k+1})\|_{\mathcal{P}} - \|\hat{x}^*(t_k + T_p|t_k)\|_{\mathcal{P}} \leqslant \xi e^{L_g(1-\zeta)T_p} \qquad (3\text{-}29)$$

想要推导出 $\|\tilde{x}(j|t_{k+1})\|_{\mathcal{P}} \leqslant \Psi$，只需证明

$$\|\tilde{x}(t_k + T_p|t_{k+1})\|_{\mathcal{P}} \leqslant \nu\Psi + \xi e^{L_g(1-\zeta)T_p} \qquad (3\text{-}30)$$

根据触发阈值 ξ 的定义式 (3-20)，若想使 $\tilde{x}(t_k + T_p|t_{k+1})$ 进入终端域 $\Omega(\Psi)$，只需要参数满足

$$\rho\bar{\lambda}(\sqrt{\mathcal{P}})\zeta T_p(e^{L_g(1-\zeta)T_p} + e^{L_g T_p}) \leqslant (1-\nu)\Psi \qquad (3\text{-}31)$$

根据式 (3-31) 可以推导出系统的容许扰动上界满足条件式 (3-28)。

当 $j \in [t_k + T_p, t_{k+1} + T_p]$ 时，考虑可行控制 $\tilde{u}(j|t_{k+1}) = \mathcal{K}\tilde{x}(j|t_{k+1})$。由引理 3-1 可知，终端域 $\Omega(\Psi)$ 对于闭环系统 $\dot{\tilde{x}}(j|t_{k+1}) = g(\tilde{x}(j|t_{k+1}), \mathcal{K}\tilde{x}(j|t_{k+1}))$ 而言是一个不变集。因此，可以得到 $\dot{G}(\tilde{x}(j|t_{k+1})) \leqslant -\|\tilde{x}(j|t_{k+1})\|_{\mathcal{Q}^*}^2$，在 $j \in [t_k + T_p, t_{k+1} + T_p]$ 区间应用比较原则 [114]，可以得到

$$G(\tilde{x}(j|t_{k+1})) \leqslant \Psi^2 e^{-\frac{\lambda(\mathcal{Q}^*)}{\lambda(\mathcal{P})}(j - t_k - T_p)} \qquad (3\text{-}32)$$

将 $j = t_{k+1} + T_p$ 代入式 (3-32)，从而可以得到 $G(\tilde{x}(t_{k+1} + T_p|t_{k+1})) \leqslant \Psi^2 e^{-\frac{\lambda(\mathcal{Q}^*)}{\lambda(\mathcal{P})}(t_{k+1} - t_k)}$。结合式 (3-26) 中的 $T_p \geqslant -2\dfrac{\lambda(\mathcal{P})}{\lambda(\mathcal{Q}^*)\zeta}\ln\nu$ 和定理 3-1 中已经证明了的 $\inf_{k \in \mathbb{N}}\{t_{k+1} - t_k\} \geqslant \zeta T_p$，即可得到 $G(\tilde{x}(t_{k+1} + T_p|t_{k+1})) \leqslant \nu^2\Psi^2$，即 $\|\tilde{x}(t_{k+1} + T_p|t_{k+1})\|_{\mathcal{P}} \leqslant \nu\Psi$。

（3）将证明可行状态 $\tilde{x}(j|t_{k+1})$ 满足鲁棒状态约束式 (3-16)，即

$$\|\tilde{x}(j|t_{k+1})\|_{\mathcal{P}} \leqslant \frac{(t_{k+1} + T_p - j)\mathcal{M} + j - t_{k+1}}{T_p}\nu\Psi \qquad (3\text{-}33)$$

由上述分析可知，当 $j \in [t_{k+1}, t_k + T_p]$ 时有

$$\|\tilde{x}(j|t_{k+1})\|_{\mathcal{P}} \leqslant \|\hat{x}^*(j|t_k)\|_{\mathcal{P}} + \xi e^{L_g(1-\zeta)T_p} \tag{3-34}$$

则可证明

$$\frac{(t_{k+1}+T_p-j)\mathcal{M}+j-t_{k+1}}{T_p}\nu\Psi \geqslant \xi e^{L_g(1-\zeta)T_p} + \frac{(t_k+T_p-j)\mathcal{M}+j-t_k}{T_p}\nu\Psi \tag{3-35}$$

成立是证明不等式 (3-33) 成立的充分条件，因此可以得到

$$\mathcal{M} \geqslant 1 + \frac{\xi}{\nu\Psi}e^{L_g(1-\zeta)T_p} \tag{3-36}$$

当 $j \in [t_k + T_p, t_{k+1} + T_p]$ 时，由式 (3-32) 可知

$$\|\tilde{x}(j|t_{k+1})\|_{\mathcal{P}} \leqslant \Psi e^{-\frac{\lambda(\mathcal{Q}^*)}{2\lambda(\mathcal{P})}(j-t_k-T_p)} \tag{3-37}$$

则此时仅需证明

$$\Psi e^{-\frac{\lambda(\mathcal{Q}^*)}{2\lambda(\mathcal{P})}(j-t_k-T_p)} \leqslant \frac{(t_{k+1}+T_p-j)\mathcal{M}+j-t_{k+1}}{T_p}\nu\Psi \tag{3-38}$$

便可说明状态满足鲁棒约束。由式 (3-38) 可得

$$\mathcal{M} \geqslant \frac{T_p e^{-\frac{\lambda(\mathcal{Q}^*)}{2\lambda(\mathcal{P})}(j-t_k-T_p)} + \nu(t_{k+1}-j)}{\nu(t_{k+1}+T_p-j)} \tag{3-39}$$

式中，$j \in [t_k+T_p, t_{k+1}+T_p]$。不妨设函数 $H(j) = \dfrac{T_p e^{-\frac{\lambda(\mathcal{Q}^*)}{2\lambda(\mathcal{P})}(j-t_k-T_p)} + \nu(t_{k+1}-j)}{\nu(t_{k+1}+T_p-j)}$，对其求导可得

$$H'(j) = \frac{\frac{T_p}{\nu}e^{-\frac{\lambda(\mathcal{Q}^*)}{2\lambda(\mathcal{P})}(j-t_k-T_p)}\left[1-\frac{\lambda(\mathcal{Q}^*)}{2\lambda(\mathcal{P})}(t_{k+1}+T_p-j)\right] - T_p}{(t_{k+1}+T_p-j)^2} \tag{3-40}$$

由式 (3-32) 可知 $e^{-\frac{\lambda(\mathcal{Q}^*)}{2\lambda(\mathcal{P})}(j-t_k-T_p)} \leqslant \nu$，由 $j \in [t_k+T_p, t_{k+1}+T_p]$ 可知 $t_{k+1}+T_p-j \geqslant 0$，可以得到 $H'(j) < 0$，所以 $H(j)$ 是一个单调递减函数，可以得到 $\mathcal{M} \geqslant H(t_k+T_p)$，即

$$\mathcal{M} \geqslant \frac{1}{\nu\zeta} - \frac{1}{\zeta} + 1 \tag{3-41}$$

结合式 (3-36) 和式 (3-41) 即可得到式 (3-27)。

以上三部分证明了算法 3-1 的可行性。　　　　　　　　　　　　□

备注 3-6　从定理 3-2 中的充分条件注意到，算法可行性可能受到预测时域 T_p、Lipschitz 常数 L_g 和扰动上界 ρ 的影响。为了实现迭代可行性，预测时域 T_p 和状态鲁棒约束式 (3-16) 中的设计参数 $\mathcal{M}$ 都有相应的约束条件。

备注 3-7　由于控制器不可能承受任意大的加性扰动，因此需要求出保证 ET-MPC 算法可行时系统允许的扰动上界。在本章的工作中，这个上界是根据定理 3-2 中式 (3-28) 计算的。注意，从实际的角度来看，可以通过改变控制器参数来调整可容许的扰动上界。然而，考虑到控制器参数也容易影响系统稳定性和其他的控制性能，控制性能和扰动上界之间的权衡决策需要一个全面考虑的方法，3.3.2 小节将详细讨论它们之间的关系。

3.3.2　稳定性分析

本节将研究应用算法 3-1 时闭环系统的稳定性。在算法 3-1 的控制框架下，稳定性分析可分为两步：首先，当系统状态在鲁棒终端域之外时，满足一定条件的情况下，通过将最优代价函数作为闭环系统的 Lyapunov 函数证明系统状态会在有限时间内进入鲁棒终端域。然后，当系统状态在鲁棒终端域之内时，证明了闭环系统是稳定的，且最终收敛到一个确定的不变集中。

以下定理详细阐述了闭环系统稳定性的相关结论。

定理 3-3　对于满足输入和状态约束的系统式 (3-1)，若假设 3-1～ 假设 3-3 成立，则当系统参数满足

$$\frac{\bar{\lambda}(\mathcal{Q})}{\underline{\lambda}(\mathcal{P})}\left\{\xi e^{L_g(1-\zeta)T_p}+2\left[(1-\zeta)\mathcal{M}+\zeta\right]\nu\Psi\right\}\xi(1-\zeta)T_p e^{L_g(1-\zeta)T_p}+\xi^2 e^{2L_g(1-\zeta)T_p}$$

$$\leqslant \frac{\underline{\lambda}(\mathcal{Q})n}{\bar{\lambda}(\mathcal{P})(n+1)}(\nu\Psi-\xi)^2\zeta T_p \tag{3-42}$$

时，由算法 3-1 控制的闭环系统将在有限时间内进入鲁棒终端域 $\Omega(\nu\Psi)$。此外，如果扰动上界满足 $\rho\leqslant\underline{\lambda}(Q^*)\,\nu\Psi\big/\left(2\bar{\lambda}(P)\bar{\lambda}(\sqrt{P})\right)$，则状态会在 $\Omega(\nu\Psi)$ 内保持稳定且最终收敛到一个更小的确定的不变集 $\Omega(\Psi_f)$ 中，其中

$$\Psi_f=\sqrt{\frac{4\xi\nu\Psi(1-\zeta)\bar{\lambda}(\mathcal{P})\bar{\lambda}(\mathcal{Q})}{\zeta T_p\underline{\lambda}(\mathcal{P})\underline{\lambda}(\mathcal{Q})}e^{L_g(1-\zeta)T_p}+(1+\frac{\bar{\lambda}(\mathcal{P})}{\underline{\lambda}(\mathcal{Q})}e^{2L_g(1-\zeta)T_p})\xi^2} \tag{3-43}$$

证明　这个定理将分两步来证明。

（1）考虑初始状态在鲁棒终端域之外时，即 $x(t_0) \notin \Omega(\nu\Psi)$。通过引理 3-1 中的 $\dot{G}(x(t)) \leqslant -\|x(t)\|_{Q^*}^2$，可以得到

$$\int_{t_k+T_p}^{t_{k+1}+T_p} \dot{G}(\tilde{x}(j|t_{k+1})) \mathrm{d}j = \|\tilde{x}(t_{k+1}+T_p|t_{k+1})\|_{\mathcal{P}}^2 - \|\tilde{x}(t_k+T_p|t_{k+1})\|_{\mathcal{P}}^2$$

$$\leqslant -\int_{t_k+T_p}^{t_{k+1}+T_p} \|\tilde{x}(j|t_{k+1})\|_{Q^*}^2 \mathrm{d}j \tag{3-44}$$

由式 (3-22) 中 $\tilde{u}(j|t_{k+1})$ 的定义可知，当 $j \in [t_{k+1}, t_k+T_p]$ 时

$$\tilde{u}(j|t_{k+1}) = \hat{u}^*(j|t_k) \tag{3-45}$$

将代价函数式 (3-17) 作为闭环系统的 Lyapunov 函数，构造 $\Delta\mathcal{C}(x(j|t_{k+1}), u(j|t_{k+1})) = \mathcal{C}(\tilde{x}(j|t_{k+1}), \tilde{u}(j|t_{k+1})) - \mathcal{C}(\hat{x}^*(j|t_k), \hat{u}^*(j|t_k))$，即

$$\Delta\mathcal{C}(x(j|t_{k+1}), u(j|t_{k+1})) = \|\tilde{x}(t_{k+1}+T_p|t_{k+1})\|_{\mathcal{P}}^2 - \|\hat{x}^*(t_k+T_p|t_k)\|_{\mathcal{P}}^2$$

$$+ \int_{t_{k+1}}^{t_{k+1}+T_p} \|\tilde{x}(j|t_{k+1})\|_{\mathcal{Q}}^2 + \|\tilde{u}(j|t_{k+1})\|_{\mathcal{R}}^2 \mathrm{d}j$$

$$- \int_{t_k}^{t_k+T_p} \|\hat{x}^*(j|t_k)\|_{\mathcal{Q}}^2 + \|\hat{u}^*(j|t_k)\|_{\mathcal{R}}^2 \mathrm{d}j \tag{3-46}$$

将式 (3-44) 和式 (3-45) 代入式 (3-46) 可得

$$\Delta\mathcal{C}(x(j|t_{k+1}), u(j|t_{k+1})) = \Theta_1 + \Theta_2 + \Theta_3 \tag{3-47}$$

其中

$$\Theta_1 = \int_{t_{k+1}}^{t_k+T_p} \|\tilde{x}(j|t_{k+1})\|_{\mathcal{Q}}^2 - \|\hat{x}^*(j|t_k)\|_{\mathcal{Q}}^2 \mathrm{d}j \tag{3-48}$$

$$\Theta_2 = \|\tilde{x}(t_k+T_p|t_{k+1}) - \hat{x}^*(t_k+T_p|t_k)\|_{\mathcal{P}}^2 \tag{3-49}$$

$$\Theta_3 = -\int_{t_k}^{t_{k+1}} \|\hat{x}^*(j|t_k)\|_{\mathcal{Q}}^2 + \|\hat{u}^*(j|t_k)\|_{\mathcal{R}}^2 \mathrm{d}j \tag{3-50}$$

考虑 Θ_1，根据式 (3-16) 和引理 3-4，并借助于 Holder 不等式，可以计算得到

$$\Theta_1 = \int_{t_{k+1}}^{t_k+T_p} \|\tilde{x}(j|t_{k+1})\|_{\mathcal{Q}}^2 - \|\hat{x}^*(j|t_k)\|_{\mathcal{Q}}^2 \mathrm{d}j$$

$$\leqslant \int_{t_{k+1}}^{t_k+T_p} \|\tilde{x}(j|t_{k+1}) - \hat{x}^*(j|t_k)\|_{\mathcal{Q}} \mathrm{d}j \cdot \max_{j \in [t_{k+1}, t_k+T_p]} \|\tilde{x}(j|t_{k+1}) - \hat{x}^*(j|t_k)\|_{\mathcal{Q}}$$

$$+ 2 \int_{t_{k+1}}^{t_k+T_p} \|\tilde{x}(j|t_{k+1}) - \hat{x}^*(j|t_k)\|_{\mathcal{Q}} dj \cdot \max_{j \in [t_{k+1}, t_k+T_p]} \|\hat{x}^*(j|t_k)\|_{\mathcal{Q}}$$

$$\leqslant \frac{\bar{\lambda}(\mathcal{Q})}{\underline{\lambda}(\mathcal{P})} \left\{ \xi e^{L_g(1-\zeta)T_p} + 2 \left[(1-\zeta)\mathcal{M} + \zeta \right] \nu\Psi \right\} \xi(1-\zeta) T_p e^{L_g(1-\zeta)T_p} \tag{3-51}$$

Θ_2 可以直接通过式 (3-16) 计算：

$$\Theta_2 = \|\tilde{x}(t_k + T_p|t_{k+1}) - \hat{x}^*(t_k + T_p|t_k)\|_{\mathcal{P}}^2 \leqslant \xi^2 e^{2L_g(1-\zeta)T_p} \tag{3-52}$$

由于系统的初始状态在鲁棒终端域之外，即 $x(t_0) \notin \Omega(\nu\Psi)$，可以得到如下不等式：

$$\Theta_3 \leqslant - \int_{t_k}^{t_{k+1}} \|\hat{x}^*(j|t_k)\|_{\mathcal{Q}}^2 dj \leqslant - \frac{\underline{\lambda}(\mathcal{Q})}{\bar{\lambda}(\mathcal{P})} (\nu\Psi - \xi)^2 \zeta T_p \tag{3-53}$$

综上所述，如果式 (3-42) 可以满足，由以上三项可以得到

$$\Delta\mathcal{C}(x(j|t_{k+1}), u(j|t_{k+1})) = \Theta_1 + \Theta_2 + \Theta_3$$

$$\leqslant - \frac{\underline{\lambda}(\mathcal{Q})}{\bar{\lambda}(\mathcal{P})(n+1)} (\nu\Psi - \xi)^2 \zeta T_p \tag{3-54}$$

由可行控制输入 $\tilde{u}(j|t_{k+1})$ 的次优性易知 $\mathcal{C}(\hat{x}^*(j|t_{k+1}), \hat{u}^*(j|t_{k+1})) \leqslant \mathcal{C}(\tilde{x}(j|t_{k+1}), \tilde{u}(j|t_{k+1}))$，由式 (3-54) 可知 $\Delta\mathcal{C}(\hat{x}^*(j|t_{k+1}), \hat{u}^*(j|t_{k+1})) \leqslant - \frac{\underline{\lambda}(\mathcal{Q})}{\bar{\lambda}(\mathcal{P})(n+1)} (\nu\Psi - \xi)^2 \zeta\mathcal{T}$，表明最优代价函数随着时间增大而单调递减。因为此时系统状态在鲁棒终端域 $\Omega(\nu\Psi)$ 之外，所以最优代价函数具有正的下确界，即

$$\inf_{x \in \mathcal{X} \backslash \Omega(\nu\Psi)} \left\{ \mathcal{C}(\hat{x}^*(j|t_{k+1}), \hat{u}^*(j|t_{k+1})) \right\} > 0$$

不妨假设系统状态无论何时都不会收敛到鲁棒终端域 $\Omega(\nu\Psi)$，那么最优代价函数会随时间增加而趋向 $-\infty$，显然这与其有正的下确界这一事实矛盾。因此，闭环系统的状态会在有限时间内趋向于鲁棒终端域 $\Omega(\nu\Psi)$。

（2）将讨论鲁棒终端域 $\Omega(\nu\Psi)$ 对局部状态反馈控制器 $\dot{x}(t) = f(x(t), \mathcal{K}x(t))$ 的正不变性，即 $x(t_0) \in \Omega(\nu\Psi)$ 意味着 $x(t) \in \Omega(\nu\Psi), \forall t \geqslant t_0$。不妨假设 $x(t_0) \in \Omega(\nu\Psi)$ 不能得到 $x(t) \in \Omega(\nu\Psi), \forall t \geqslant t_0$，意味着存在 $t \geqslant t_0$ 和 $\bar{\Psi} > 0$ 使得 $G(x(t)) \geqslant (\nu\Psi)^2 + \bar{\Psi}$。定义一个时间 $\bar{t} = \arg\min_{t \geqslant 0} G(x(t)) \geqslant (\nu\Psi)^2 + \bar{\Psi}$，那么此时 $x(\bar{t}) \notin \Omega(\nu\Psi)$。通过将 $G(x(t))$ 作为闭环系统 $\dot{x}(t) = f(x(t), \mathcal{K}x(t))$ 的 Lyapunov 函数，可以得到

$$\dot{G}(x(t)) = -\|x(t)\|_{\mathcal{Q}^*}^2 + 2x^{\mathrm{T}}(t)\mathcal{P}\omega(t)$$

$$\leqslant -\frac{\underline{\lambda}(\mathcal{Q}^*)}{\bar{\lambda}(\mathcal{P})}\|x(t)\|_{\mathcal{P}}^2 + 2\left\|\sqrt{\mathcal{P}}x(t)\right\|\left\|\sqrt{\mathcal{P}}\right\|\|\omega(t)\| \tag{3-55}$$

因为 $x(\bar{t}) \notin \Omega(\nu\Psi)$ 且扰动上界满足 $\rho \leqslant \underline{\lambda}(\mathcal{Q}^*)\nu\Psi \big/ \left(2\bar{\lambda}(\mathcal{P})\bar{\lambda}(\sqrt{\mathcal{P}})\right)$，所以可以得到 $\dot{G}\left(x(\bar{t})\right) \leqslant -\left[\underline{\lambda}(\mathcal{Q}^*)/\bar{\lambda}(\mathcal{P})\right]\left[\sqrt{(\nu\Psi)^2+\bar{\Psi}}\left(\sqrt{(\nu\Psi)^2+\bar{\Psi}}-\nu\Psi\right)\right] < 0$，这意味着存在一个 $\bar{t}^* \in (t_0, \bar{t})$ 使得 $G(x(\bar{t}^*)) \geqslant G(x(\bar{t})) \geqslant (\nu\Psi)^2 + \bar{\Psi}$，显然这与前面定义的 $\bar{t}$ 是满足 $G(x(t)) \geqslant (\nu\Psi)^2 + \bar{\Psi}$ 的最小时刻这一事实矛盾。因此，鲁棒终端域 $\Omega(\nu\Psi)$ 是 $u(t) = \mathcal{K}x(t)$ 控制下的闭环系统式 (3-1) 的一个鲁棒正不变集。

接下来考虑第二种情况，当初始状态已经在终端域内时，即 $x(t_0) \in \Omega(\nu\Psi)$ 时，需要证明系统保持稳定，并且状态会收敛到一个确定的不变集 $\Omega(\Psi_f)$。基于 $\hat{x}^*(j|t_k) \in \Omega(\nu\Psi)$ 的事实，Θ_1 可以被计算为

$$\Theta_1 \leqslant \frac{4\bar{\lambda}(\mathcal{Q})}{\underline{\lambda}(\mathcal{P})}\xi\nu\Psi(1-\zeta)\mathrm{e}^{L_g(1-\zeta)T_p} \tag{3-56}$$

因为 Θ_2 与系统初始状态无关，所以不等式 (3-52) 仍然成立。

对于 Θ_3，借助触发条件式 (3-18) 和引理 3-1，可以得到

$$\Theta_3 \leqslant -\zeta T_p \frac{\underline{\lambda}(\mathcal{Q})}{\bar{\lambda}(\mathcal{P})}\|\hat{x}^*(t_{k+1}|t_k)\|_{\mathcal{P}}^2 \leqslant -\zeta T_p \frac{\underline{\lambda}(\mathcal{Q})}{\bar{\lambda}(\mathcal{P})}\left(\|x(t_{k+1})\|_{\mathcal{P}}^2 - \xi^2\right) \tag{3-57}$$

结合式 (3-52)、式 (3-56) 和式 (3-57)，可以得到

$$\Delta\mathcal{C} \leqslant \frac{4\xi\nu\Psi(1-\zeta)\bar{\lambda}(\mathcal{Q})}{\underline{\lambda}(\mathcal{P})}\mathrm{e}^{L_g(1-\zeta)T_p} + \xi^2\mathrm{e}^{2L_g(1-\zeta)T_p} - \zeta T_p\frac{\underline{\lambda}(\mathcal{Q})}{\bar{\lambda}(\mathcal{P})}\left(\|x(t_{k+1})\|_{\mathcal{P}}^2 - \xi^2\right) \tag{3-58}$$

由 $\Delta\mathcal{C} \leqslant 0$ 可以得到系统将最终收敛到鲁棒终端域 $\Omega(\Psi_f)$，其中

$$\Psi_f = \sqrt{\frac{4\xi\nu\Psi(1-\zeta)\bar{\lambda}(\mathcal{P})\bar{\lambda}(\mathcal{Q})}{\zeta T_p\underline{\lambda}(\mathcal{P})\underline{\lambda}(\mathcal{Q})}\mathrm{e}^{L_g(1-\zeta)T_p} + \left(1 + \frac{\bar{\lambda}(\mathcal{P})}{\underline{\lambda}(\mathcal{Q})}\mathrm{e}^{2L_g(1-\zeta)T_p}\right)\xi^2} \tag{3-59}$$

以上两个部分证明了定理 3-3。 □

备注 3-8 定理 3-3 详细说明了保证闭环系统稳定的充分条件。具体来说，不等式 (3-42) 保证当系统状态在终端域之外时，最优代价函数是单调递减的。当系

统状态处于鲁棒终端域时，只要扰动有界，局部状态反馈控制器 $u(t) = \mathcal{K}x(t)$ 可以使系统稳定并使状态进入一个确定的鲁棒不变集。由式 (3-42) 可以看出，预测时域 T_p、扰动上界 ρ、触发阈值 ξ 和约束系数 $\mathcal{M}$ 对闭环稳定性均有影响，也同时对控制性能（即控制精度）和计算负载产生影响。更具体地说，较大的触发阈值 ξ 可以降低求解 OCP 的频率从而减少控制器计算负荷，但从可行性的角度分析，定理 3-2 表明较大的 ξ 会使最大扰动上界 ρ 减小，从而可能导致较差的控制性能。此外，由于在推导过程中使用了 Lipschitz 常数，因此增大预测时域 T_p 可能导致对扰动上界的估计过于保守，但是较大的 T_p 会给 OCP 带来更多的信息，从而能够获得更好的控制性能，因为较大的 T_p 会给 OCP 带来更多的信息。因此，系统参数需要根据实际的控制需求综合地权衡设计。

3.4　仿 真 验 证

3.4.1　质量–弹簧–阻尼器系统

车辆减振缓冲系统是最常见的机械振动系统之一，可以被简化为质量–弹簧–阻尼器系统（mass-spring-damper system）[69,70]。其结构如图 3-2 所示。

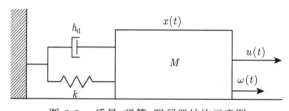

图 3-2　质量–弹簧–阻尼器结构示意图

本节基于该系统验证提出的针对非线性系统的基于微分信息的非线性系统 ET-MPC 算法，其系统方程如式 (3-60) 所示。

$$\begin{cases} \dot{x}_1(t) = x_2(t) \\ \dot{x}_2(t) = -\dfrac{k}{M}\mathrm{e}^{-x_1(t)}x_1(t) - \dfrac{h_\mathrm{d}}{M}x_2(t) + \dfrac{u(t)}{M} + \dfrac{\omega(t)}{M} \end{cases} \tag{3-60}$$

式中，$x_1(t)$ 和 $x_2(t)$ 分别表示质量块的位移和速度；质量 $M = 1.25\mathrm{kg}$；弹簧的弹性系数 $k=0.9\mathrm{N} \cdot \mathrm{m}$；阻尼器的阻尼系数 $h_\mathrm{d} = 0.42\mathrm{N} \cdot \mathrm{s} \cdot \mathrm{m}^{-1}$；$u(t)$ 为控制输入，满足约束 $-1\mathrm{N} \leqslant u(t) \leqslant 1\mathrm{N}$；$\omega(t)$ 为外界扰动，其上界为 $\rho = 0.0023$。根据文献 [114] 中引理 3-2 和引理 3-3 提供的方法，系统的 Lipschitz 常数 $L_g = 1.4$。根

据雅可比线性化方法，引理 3-1 中定义的运行代价函数和终端代价函数中的权重矩阵 $\mathcal{Q}$、$\mathcal{R}$ 和 $\mathcal{P}$ 可以分别选择为

$$\mathcal{Q} = \begin{bmatrix} 0.2 & 0 \\ 0 & 0.2 \end{bmatrix}, \quad \mathcal{R} = 0.5, \quad \mathcal{P} = \begin{bmatrix} 0.2927 & 0.2026 \\ 0.2026 & 0.3565 \end{bmatrix}$$

此时，局部状态反馈矩阵 $\mathcal{K} = [-0.4454, \ -1.0932]$。鲁棒约束收缩率和触发参数分别设置为 $\nu = 0.8$，$\delta = 1\mathrm{s}$，鲁棒终端域半径 $\Psi = 0.03$。基于定理 3-2 和定理 3-3 中的条件选定以下参数：预测时域 $T_p = 2.4\mathrm{s}$，触发系数 $\zeta = 0.6$，约束系数 $\mathcal{M} = 2$，触发阈值 $\xi = 0.0205$。备注 3-8 中的讨论表明，这些参数的选择需要综合地考虑控制性能与系统的计算和通信资源消耗之间的平衡，必要时可以根据实际需求进行调整。仿真的初始点为 $x_0 = [1.5\mathrm{m}, \ 1.2 \ \mathrm{m} \cdot \mathrm{s}^{-1}]^\mathrm{T}$，目标点为 $[0, \ 0]^\mathrm{T}$，采样间隔为 $0.05\mathrm{s}$，总仿真时间为 $18\mathrm{s}$。

本节在相同的参数配置下，将算法 3-1 与周期 MPC 算法、事件触发线性二次型调节算法（ET-LQR 算法，其与算法 3-1 具有相同的平均采样率）和 ET-MPC 算法[69] 进行仿真对比。图 3-3 和图 3-4 分别展示了四种算法控制下质量块位移和速度的对比情况，可以看到本章提出的算法 3-1 和其他三种算法的控制效果非常接近，表明算法 3-1 是可行的。图 3-5 展示了四种算法控制下控制输入对比，值得注意的是事件触发线性二次型调节算法在前 15 步不能满足输入约束（虚线之间的区域），其他三种基于预测控制的算法均能满足约束，体现了相较于线性二次型调节器 MPC 具有能够处理系统约束的优势。此外，可以观察到算法 3-1 生成的控制输入在满足约束的同时能够快速且平滑地达到稳定状态，与另外两种控制方法十分接近。

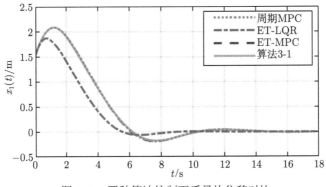

图 3-3　四种算法控制下质量块位移对比

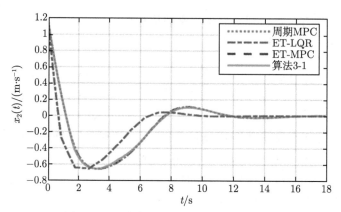

图 3-4   四种算法控制下质量块速度对比

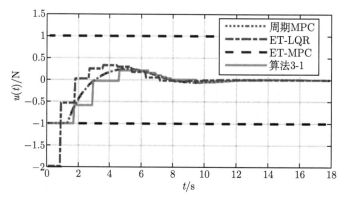

图 3-5   四种算法控制下控制输入对比

图 3-6 展示了算法 3-1 和 ET-MPC 算法[69] 的触发情况对比，菱形和圆形图例分别表示两者在当前时刻需要求解 OCP 并进行数据传输，纵坐标表示

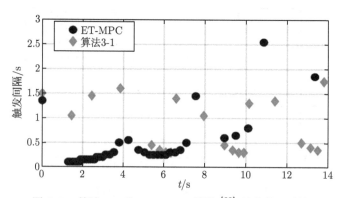

图 3-6   算法 3-1 和 ET-MPC 算法[69] 触发情况对比

两次触发时刻之间的时间间隔。为了更清晰地展示算法 3-1 的优势，表 3-1 给出了三种算法的 OCP 求解次数对比，相关数据表明 ET-MPC 算法[69] 和算法 3-1 相对于周期 MPC 算法均有大幅提升。值得注意的是，算法 3-1 的 OCP 求解次数相对周期 MPC 算法和 ET-MPC 算法[69] 分别减少了 93.5% 和 56.5%，表明其在保持几乎相同控制性能的同时大幅度地降低了控制器计算资源的消耗，对于资源受限的实际系统具有重要意义。

表 3-1   三种算法 OCP 求解次数对比 (质量–弹簧–阻尼系统)

算法	OCP 求解次数	提升
周期 MPC	300	—
ET-MPC	46	84.6%
算法 3-1	20	93.3%（56.5%*）

* 算法 3-1 相对 ET-MPC 算法[69] 的提升百分比。

3.4.2   连续搅拌反应釜系统

连续搅拌反应釜（continuous stirred-tank reactor, CSTR）系统是一个高度非线性系统，其结构如图 3-7 所示。其由于产品质量稳定、成本低等优点成为化工和

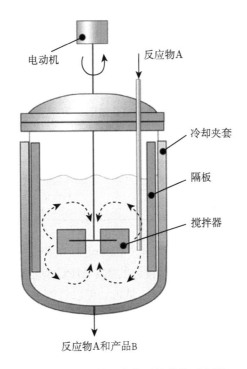

图 3-7   连续搅拌反应釜系统结构示意图

环境工程中最常用的化学反应器之一，也被广泛用于测试控制方法 [135-138]。CSTR 系统中考虑进行一个不可逆的放热反应 A $\longrightarrow$ B，反应物的温度和浓度是影响产品质量的关键控制变量。

连续搅拌反应釜系统方程可以表示为

$$
\begin{cases}
\dot{C}_{\mathrm{A}} = \dfrac{q}{V}\left(C_{\mathrm{Af}} - C_{\mathrm{A}}\right) - k_0 C_{\mathrm{A}} \exp\left(-\dfrac{E}{RT}\right) + w_1 \\[3mm]
\dot{T} = \dfrac{q}{V}\left(T_{\mathrm{f}} - T\right) - \dfrac{\Delta H k_0 C_{\mathrm{A}}}{v C_{\mathrm{p}}} \exp\left(-\dfrac{E}{RT}\right) + \dfrac{UA}{V v C_{\mathrm{p}}}\left(T_{\mathrm{c}} - T\right) + w_2
\end{cases}
\tag{3-61}
$$

式中，C_{A} 表示反应釜中 A 的浓度；T 表示反应釜温度；T_{c} 表示冷却剂的温度。冷却剂的温度限定在 280~370K，系统状态定义为 $x = [C_{\mathrm{A}} - C_{\mathrm{A}}^{\mathrm{e}},\ T - T^{\mathrm{e}}]^{\mathrm{T}}$，控制输入 $u = T_{\mathrm{c}} - T_{\mathrm{c}}^{\mathrm{e}}$，其中期望平衡状态和输入为 $C_{\mathrm{A}}^{\mathrm{e}} = 0.25\mathrm{mol \cdot L^{-1}}$，$T^{\mathrm{e}} = 350\mathrm{K}$ 和 $T_{\mathrm{c}}^{\mathrm{e}} = 326\mathrm{K}$。

采用欧拉前向法对系统式 (3-61) 做离散化处理，仿真中采样时间为 $\Delta t = 0.02\,\mathrm{min}$，预测步长为 30。系统的 Lipschitz 常数可以被计算为 $L_g = 1.8$，根据定理 3-2，系统中的容许扰动上界 $\rho = 0.04$，系统状态终端域 $\Omega(\Psi) \triangleq \{x \in \mathbb{R}^n \mid \|x(t)\|_{\mathcal{P}} \leqslant 1.6554\}$。代价函数中权重矩阵设定为 $\mathcal{Q} = \mathrm{diag}\{1, 1/300\}$ 和 $\mathcal{R} = 1/900$，则根据引理 3-1 可以计算得到 $\mathcal{P} = \begin{bmatrix} 54.3945 & 0.5928 \\ 0.5928 & 0.0351 \end{bmatrix}$ 和局部状态反馈矩阵 $\mathcal{K} = [-91.3362,\ -4.7002]$。此外，式 (3-61) 中相关参数和取值情况如表 3-2 所示。

表 3-2　参数与取值

参数	取值	参数	取值
冷却流速度 q	$100\mathrm{L \cdot min^{-1}}$	反应釜体积 V	$100\mathrm{L}$
物料比热容 C_{p}	$0.239\mathrm{J \cdot (g \cdot K)^{-1}}$	进料浓度 C_{Af}	$1.0\mathrm{mol \cdot L^{-1}}$
反应物热 ΔH	$-5 \times 10^4\mathrm{J \cdot mol^{-1}}$	进料温度 T_{f}	$350\mathrm{K}$
反应速率常数 k_0	$7.2 \times 10^{10}\mathrm{min^{-1}}$	物料密度 v	$1000\mathrm{g \cdot L^{-1}}$
活化能 E/R	$8750\mathrm{K}$	传热面积 UA	$5.4 \times 10^4\mathrm{J \cdot (min \cdot K)^{-1}}$

仿真过程的初始状态设定为 $C_{\mathrm{A}} = 0.65\mathrm{mol \cdot L^{-1}}$ 和 $T = 325\mathrm{K}$，本节将算法 3-1 和周期 MPC 算法以及文献 [110] 设计的 ET-MPC 算法作对比。图 3-8 和图 3-9 分别展示了两个状态 C_{A} 和 T 的对比情况，可以看到三种控制方法都能保证状态达到预定的控制目标，且控制效果十分接近。

图 3-10 展示了控制输入 T_{c} 的对比情况，可以看到两种基于事件触发机制的控制方法由于非周期采样特性的影响，控制输入在平衡点附近有微小的波动，但整体仍满足控制约束，且系统状态几乎不受负面影响。

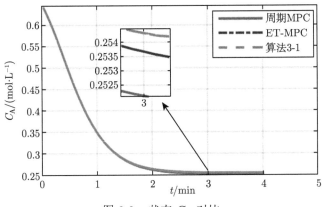

图 3-8 状态 C_A 对比

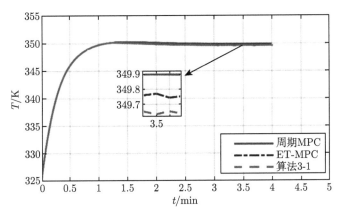

图 3-9 状态 T 对比

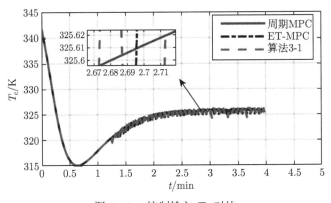

图 3-10 控制输入 T_c 对比

　　图 3-11 展示了文献 [110] 设计的 ET-MPC 算法和算法 3-1 的预测控制器触发情况，可以看出算法 3-1 在触发次数和触发间隔方面均具有明显的优势。观察图 3-11 可以发现，在控制过程的前期 ET-MPC 以较高的频率被触发，这是因为针对实际的复杂系统式 (3-61)，OCP 需要被连续求解才能保持期望的控制性能，这点在图 3-8～ 图 3-10 中也得到了验证。

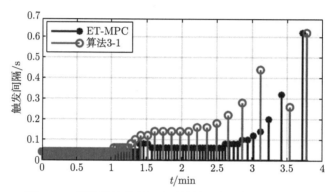

图 3-11　两种算法控制下连续搅拌反应釜触发情况对比

　　此外，三种控制方法 OCP 求解次数统计在表 3-3 中，并采用式 (2-53) 的方法计算算法 3-1 相对于其他两种方法在控制器计算量和通信资源消耗方面的提升百分比。可以看到，算法 3-1 的 OCP 求解次数分别比周期 MPC 和文献 [110] 设计的 ET-MPC 算法减少了 63％和 33.3％。

表 3-3　三种算法 OCP 求解次数对比

算法	OCP 求解次数	提升
周期 MPC	200	—
ET-MPC	109	45.5％
算法 3-1	74	63％　（33.3％ *）

＊算法 3-1 相对 ET-MPC 算法 [110] 的提升百分比。

　　本节的仿真对比情况，可以证明本章提出的控制算法可以在保证稳定高效控制性能的同时大幅度地减少 OCP 的求解频率，进而提升控制器在在线计算和数据传输两个方面的资源利用率。

3.5　本 章 小 结

　　本章首先针对具有加性扰动的非线性系统设计了一种改进型 ET-MPC 算法，改进型事件触发机制基于两次连续采样时最优预测状态与实际状态的误差差异来设计触发条件。这种新型触发条件可以避免状态超调对系统性能的影响，促进系统的动态响应，优势在于可以减少通信负载和能耗，同时通过最小化求解 OCP 的次数来减少计算负担。其次，应用了一种新的保守性小的鲁棒性约束来处理加性扰动。此外，经过严格的理论推导，提出了保证算法可行性和闭环系统稳定性的充分条件，表明系统性能与预测时域、扰动上界、触发阈值和鲁棒约束的收缩率有关。最后，通过对车辆减振缓冲系统和连续搅拌反应釜系统的仿真对比，说明了控制器的控制性能和数据传输频率相对于传统的 MPC 算法得到了明显的改善。因此，所提算法的应用场景可以是具有硬约束的多变量系统，如机器人系统、过程控制系统等。这表明，所提出的算法 3-1 不仅可以使 MPC 算法在实际复杂 CPS 中的应用成为可能，而且可以进一步降低能耗（如通过降低计算和通信频率来降低系统的资源消耗）。

第 4 章 基于 PID 信息的非线性系统事件触发鲁棒预测控制

针对具有输入和状态约束以及附加扰动的非线性 CPS，为了进一步减少通信和计算资源消耗，在第 3 章构建的基于微分信息事件触发机制基础上提出了一种基于 PID 信息的 ET-MPC 方法。具体来说，在确保 CPS 性能的前提下，本章设计的事件触发算法通过考虑一段时间内状态误差的比例、积分和微分信息减弱了系统的残差和状态突变对控制系统的影响。其中，比例项作为事件触发条件的基本部分，可以有效加快 MPC 系统的响应速度；积分项通过考虑系统一段时间内的误差变化的累积量，用来控制系统状态与期望状态偏离程度；微分项则是通过考虑系统误差状态的变化率来监测系统误差变化的速率，用来控制实际状态与期望状态的偏离速度。针对所设计的基于 PID 信息的触发条件，通过构建新的鲁棒终端域开发了针对非线性系统基于 PID 信息的 ET-MPC 方法，并且通过理论推导给出了避免芝诺效应的结果，以及能够满足算法可行性和系统稳定性的理论条件。最后，使用质量–弹簧–阻尼器系统对所提算法进行了仿真实验，通过与传统事件触发机制和周期 MPC 方法的效果进行对比，对算法的有效性进行了验证。

4.1 问题描述

考虑图 4-1所示的基于 ET-MPC 的 CPS 框架，其中 ET-MPC 控制器位于网络层，非线性系统位于物理层，系统动力学方程如下：

$$\begin{cases} \dot{x}(t) = f(x(t), u(t)) + w(t) \\ x(t_0) = x_0, \quad t_0 \geqslant 0 \end{cases} \tag{4-1}$$

式中，$u(t) \in \mathbb{U} \triangleq \{u(t) | \|u(t)\| \leqslant u_{\max}\}$，为控制输入；$x(t) \in \mathbb{X} \triangleq \{x(t) | \|x(t)\|_P \leqslant c_x\}$，为系统状态，$c_x$ 为系统状态 P 范数的最大范围；$w(t) \in \mathbb{W} \triangleq \{w(t) | \|w(t)\| \leqslant \rho\}$，为未知附加扰动，其上界为 ρ。并且 $\mathbb{X} \subseteq \mathbb{R}^n$，$\mathbb{U} \subseteq \mathbb{R}^m$，$\mathbb{W} \subseteq \mathbb{R}^n$ 均为包含原点在内的凸集。函数 f：$\mathbb{X} \times \mathbb{U} \to \mathbb{R}^n$ 为二次微分连续函数，且满足 $f(0, 0) = 0$。

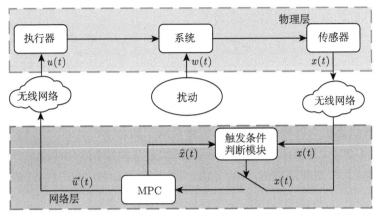

图 4-1 基于 ET-MPC 的 CPS 框架

首先定义系统式 (4-1) 相应的标称系统为

$$\dot{x}(t) = f(x(t), u(t)) \tag{4-2}$$

对于满足输入约束和状态约束的标称系统式 (4-2),存在以下假设。

假设 4-1 在标称系统式 (4-1) 中,若对于所有 $x \in \mathbb{X}$,$u \in \mathbb{U}$ Lipschitz 连续,则存在 Lipschitz 常数 $L_f \in (0, +\infty)$,使得 $\|f(x_1, u) - f(x_2, u)\| \leqslant L_f \|x_1 - x_2\|$ 成立。

4.2 算 法 设 计

本节将设计一种针对非线性系统基于 PID 信息的 ET-MPC 算法,首先设计了具有输入、状态和终端约束的 OCP,并明确了系统运行和终端代价。其次,基于控制目标设计了基于 PID 信息的事件触发机制,并通过理论分析严格避免了事件触发机制的芝诺效应。最后,基于所设计的事件触发机制提出相应的 ET-MPC 算法。

4.2.1 最优控制问题

作为一种最优控制方法,MPC 需要在每一采样时刻 t_σ 重复求解 OCP 以得到最优状态 $\hat{x}^*(t_v; t_\sigma)$ 和相应的最优控制 $\hat{u}^*(t_v; t_\sigma)$,其中触发时刻定义为需要求解 OCP 的采样时刻,序数 $\sigma \in \mathbb{N}_{\geqslant 0}$。在得到可行 OCP 之前,定义代价函数如下:

$$J(\hat{x}(t_\sigma), \hat{u}(t_\sigma)) = V_f(\hat{x}(t_\sigma + T_p; t_\sigma)) + \int_{t_\sigma}^{t_\sigma + T_p} L(\hat{x}(t_x; t_\sigma), \hat{u}(t_x; t_\sigma)) \mathrm{d}t_x \tag{4-3}$$

其中终端代价函数和运行代价函数分别为

$$V_f\left(\hat{x}\left(t_\sigma + T_p; t_\sigma\right)\right) \triangleq \left\|\hat{x}\left(t_\sigma + T_p; t_\sigma\right)\right\|_P^2$$

$$L\left(\hat{x}\left(t_x; t_\sigma\right), \hat{u}\left(t_x; t_\sigma\right)\right) \triangleq \left(\left\|\hat{x}\left(t_x; t_\sigma\right)\right\|_Q^2 + \left\|\hat{u}\left(t_x; t_\sigma\right)\right\|_R^2\right)$$

式中，权重矩阵 Q、R 和 P 是正定对称矩阵。

当系统状态进入终端域时，以下假设是成立的。

假设 4-2　（见文献 [132]）存在局部状态反馈控制器 $\kappa(x) \in \mathbb{U}$，终端域 $\{x | \|x\|_P \leqslant r\} \subseteq \mathbb{X}$ 和函数 $\alpha_L, \alpha_{V_f} \in \mathcal{K}_\infty$ 使不等式 (4-4) 至式 (4-6) 成立：

$$L(x, u) \geqslant \alpha_L(\|x\|), \forall x \in \mathbb{X}, \forall u \in \mathbb{U} \tag{4-4}$$

$$V_f(x) \leqslant \alpha_{V_f}(\|x\|), \forall x \in \mathbb{X}_r \tag{4-5}$$

$$\dot{V}_f(x) \leqslant -L(x, \kappa(x)), \forall x \in \mathbb{X}_r \tag{4-6}$$

因此，满足特定约束的 OCP 可以表述为

$$\hat{u}^*(t_v; t_\sigma) = \arg\min_{\hat{u} \in \mathbb{U}} J\left(\hat{x}(t_\sigma), \hat{u}(t_\sigma)\right) \tag{4-7}$$

s.t.

$$\dot{\hat{x}}(t_v; t_\sigma) = f\left(\hat{x}(t_v; t_\sigma), \hat{u}(t_v; t_\sigma)\right) \tag{4-8}$$

$$x(t_\sigma; t_\sigma) = \hat{x}(t_\sigma; t_\sigma) \tag{4-9}$$

$$\hat{u}(t_v; t_\sigma) \in \mathbb{U} \tag{4-10}$$

$$\hat{x}(t_v; t_\sigma) \in \left(1 - \frac{t_v - t_\sigma}{T_p}\zeta\right)c_x \tag{4-11}$$

$$\hat{x}(t_\sigma + T_p; t_\sigma) \in \mathbb{X}_\varepsilon, \quad t_v \in [t_\sigma, t_\sigma + T_p] \tag{4-12}$$

其中，$x \in \mathbb{X}_\varepsilon \triangleq \{\hat{x} | \|\hat{x}\|_P \leqslant \varepsilon = (1 - \zeta)c_x\}$，为鲁棒终端域，且满足 $\mathbb{X}_r$；T_p 为预测时域；$\zeta \in \mathbb{R}_{(0,1)}$，为终端约束式 (4-11) 的收缩率。

4.2.2　事件触发机制设计

对于非线性的约束系统式 (4-1)，现有的 ET-MPC 方法通常根据单个采样时刻的状态误差确定控制器更新，然而这样的触发机制可能会导致残余误差和状态突变。因此，本小节设计一个基于 PID 信息的事件触发机制以降低残余误差和状态突变对控制系统的影响。具体地说，本小节所设计的事件触发机制中同时考虑

状态误差在某一段时间内的比例、积分和微分信息，以降低残余误差和状态突变的影响并提高系统的闭环控制性能。

首先，给出如下基于 PID 信息的状态误差的事件触发条件：

$$t_{\sigma+1} = \inf_{t_v \geqslant t_\sigma} \left\{ K_P \| e(t_v; t_\sigma) \|_P + K_I \int_{t_\sigma}^{t_v} \| e(t_x; t_\sigma) \|_P \, \mathrm{d} t_x + K_D \frac{\| e(t_v; t_\sigma) \|_P}{t_v - t_\sigma} \geqslant \delta_0 \right\}$$
(4-13)

$$t_{\sigma+1} = \min \{ t_{\sigma+1}, t_\sigma + T_p \}$$
(4-14)

其中，$\delta_0 = K_P \varpi + K_I \left[\dfrac{\varpi}{L_f} - \dfrac{\rho \bar{\lambda} \left(\sqrt{P} \right)}{L_f} \mu T_p \right]$，为与状态误差有关的触发阈值，

$\varpi \triangleq \dfrac{\rho \bar{\lambda} \left(\sqrt{P} \right)}{L_f} + \left(\mathrm{e}^{L_f \mu T_p} - 1 \right)$；$K_P = \exp(K_p)$，$K_I = \exp(K_i)$，$K_D = \exp(K_d)$ 分别为相应的比例、积分和微分系数，满足 $K_p, K_i, K_d \in \mathbb{R}$；$\mu \in \mathbb{R}_{(0,1)}$，为与时间间隔有关的触发参数。

为了避免芝诺效应，即避免事件触发机制在短时间内被无限次激活，在接下来的定理中给出了避免芝诺效应的最小触发间隔条件。

定理 4-1 如果通过式 (4-14) 确定系统式 (4-2) 的下一个触发时刻 $t_{\sigma+1}$，则存在最小间隔 μT_p 和最大间隔 T_p 以避免芝诺效应。

证明 将式 (4-13) 左边表示为 $\delta_t(t_v)$，则 $x(t_v; t_\sigma)$ 和 $\hat{x}^*(t_v; t_\sigma)$ 的误差为

$$\| e(t_v; t_\sigma) \|_P \leqslant \frac{\rho \bar{\lambda} \left(\sqrt{P} \right)}{L_f} \left(\mathrm{e}^{L_f (t_v - t_\sigma)} - 1 \right)$$
(4-15)

它的积分值和微分值分别为 $\displaystyle\int_{t_\sigma}^{t_v} \| e(t_v; t_\sigma) \|_P \mathrm{d} t_x \leqslant \dfrac{\rho \bar{\lambda} \left(\sqrt{P} \right)}{L_f} \left(\dfrac{\mathrm{e}^{L_f (t_v - t_\sigma)} - 1}{L_f} - \right.$

$\left. (t_v - t_\sigma) \right)$ 和 $\dfrac{\| e(t_v; t_\sigma) \|_P}{t_v - t_\sigma} \leqslant \dfrac{\rho \bar{\lambda} \left(\sqrt{P} \right) \left(\mathrm{e}^{L_f (t_v - t_\sigma)} - 1 \right)}{L_f (t_v - t_\sigma)}$。一方面，由于阈值式 (4-13) 严格大于零，因此可以选取一个正常数 $\mu \in (0,1)$ 构成最小触发时间间隔使得 $t_{\sigma+1} - t_\sigma \geqslant \mu T_p$；另一方面，根据 OCP 和式 (4-14) 可得所有间隔 $t_{\sigma+1} - t_\sigma$ 存在上界 T_p。

定理 4-1 证明完毕。 □

4.2.3 事件触发模型预测控制算法设计

基于上述设计的 OCP 和事件触发机制，在算法 4-1 中对基于 PID 信息的 ET-MPC 算法以伪代码形式进行了总结。具体来说，如果达到触发阈值，则 OCP

式 (4-7) 需要被再次求解以获得最优控制输入 $\hat{u}^*(t_v; t_\sigma)$，$t_v \in [t_\sigma, t_\sigma + T_p)$；否则，最优控制输入将会被传输至物理层并被依次应用于实际系统。

算法 4-1：基于 PID 信息的 ET-MPC 算法

1：得到初始状态 $x(t_v; t_\sigma)$, $t_v = t_0, t_\sigma = t_0$;

2：while $t_v \leqslant T_{\mathrm{up}}$ do

3：　if $x \in \mathbb{X}/\mathbb{X}_r$ then

4：　　if $t_v = t_0$ then

5：　　　通过式 (4-7) 计算 $\hat{u}^*(t_v; t_\sigma)$;

6：　　end if

7：　　while $\delta_t(t_v) \leqslant \delta_0$ && $t_v \leqslant t_\sigma + T_p$ do

8：　　　依次应用最优控制输入 $\hat{u}^*(t_v; t_\sigma)$;

9：　　end while

10：　通过式 (4-7) 计算 $\hat{u}^*(t_v; t_\sigma)$;

11：　更新实际状态 $x(t_{\sigma+1}; t_{\sigma+1}) \leftarrow x(t_v; t_\sigma)$;

12：　$\sigma \leftarrow \sigma + 1$;

13：　else if $x \in \mathbb{X}_r$ then

14：　　应用局部状态反馈控制器 $k(x)$

15：　end if

16：end while。

4.3　理 论 分 析

为了确保算法 4-1 在理论上是可行的，同时可以使非线性系统式 (4-1) 稳定，本节给出了满足算法可行性和系统稳定性的充分条件以及具体的证明过程。

4.3.1　迭代可行性分析

本节依然采用 3.3.1 小节所述归纳法对算法 4-1 的迭代可行性进行证明。首先，构造下述的可行控制输入：

$$\tilde{u}(t_v; t_{\sigma+1}) = \begin{cases} \hat{u}^*(t_v; t_\sigma), t_v \in [t_{\sigma+1}, t_\sigma + T_p) \\ \kappa(\tilde{x}(t_v; t_{\sigma+1})), t_v \in [t_\sigma + T_p, t_{\sigma+1} + T_p) \end{cases} \tag{4-16}$$

其中，$\dot{\tilde{x}}(t_v; t_{\sigma+1}) = f(\tilde{x}(t_v; t_{\sigma+1}), \tilde{u}(t_v; t_{\sigma+1}))$。

在给出所提 ET-MPC 算法的可行性条件之前，首先通过引理 4-1 获得了 $\tilde{x}(t_v; t_{\sigma+1})$ 和 $\hat{x}^*(t_v; t_\sigma)$ 的误差上界。

引理 4-1 根据触发条件式 (4-13) 和式 (4-14) 中的误差 $e(t_\upsilon; t_\sigma)$，不等式

$$\|\tilde{x}(t_\upsilon; t_{\sigma+1}) - \hat{x}^*(t_\upsilon; t_\sigma)\|_P \leqslant \iota \mathrm{e}^{L_f(t_\upsilon - t_{\sigma+1})} \tag{4-17}$$

成立，其中 $\iota \triangleq \dfrac{L_f \mu T_p \left(\delta + K_I \frac{\rho \bar{\lambda}(\sqrt{P})}{L_f} \mu T_p \right)}{L_f \mu T_p K_P + \mu T_p K_I + L_f K_D}$。

证明 基于可行状态和最优状态的定义，通过应用 Gronwall-Bellman 不等式，两者之间误差的 P-范数上界满足 $\|\tilde{x}(t_\upsilon; t_{\sigma+1}) - \hat{x}^*(t_\upsilon; t_\sigma)\|_P \leqslant \|\tilde{x}(t_{\sigma+1}; t_{\sigma+1}) - \hat{x}^*(t_{\sigma+1}; t_\sigma)\|_P \mathrm{e}^{L_f(t_\upsilon - t_{\sigma+1})}$。根据 $\tilde{x}(t_{\sigma+1}; t_{\sigma+1}) = x(t_{\sigma+1}; t_\sigma)$，可得 $\|\tilde{x}(t_{\sigma+1}; t_{\sigma+1})\|_P = \|x(t_{\sigma+1}; t_\sigma)\|_P$。结合 $\|e(t_\upsilon; t_\sigma)\|_P$ 的误差上界，即证式 (4-17) 成立。 □

在给出保证迭代可行性的条件前，引入如下能够确保在初始触发时刻 t_0 求解 OCP 可得到初始可行解的必要假设。

假设 4-3 存在一个初始可行状态域 $\mathbb{X}_0 \subseteq \mathbb{X}$ 使得对于所有状态 $x(t_0) \in \mathbb{X}_0$，在初始时刻 t_0 通过求解 OCP，能够得到初始可行解 $\hat{u}^*(t_\upsilon; t_0)$。

定理 4-2 若假设 4-1～ 假设 4-3 成立，且不等式 (4-18)～ 式 (4-21)

$$\zeta_1 \leqslant \zeta \leqslant \zeta_2 \tag{4-18}$$

$$\rho \leqslant \frac{L_f(r - \varepsilon)}{\bar{\lambda}(\sqrt{P})(\exp(L_f T_p) - \exp(L_f(1 - \mu) T_p))} \tag{4-19}$$

$$T_p \geqslant -\frac{2\bar{\lambda}(P)}{\underline{\lambda}(Q)\mu} \ln \frac{\varepsilon}{r} \tag{4-20}$$

$$T_p \leqslant \frac{2\bar{\lambda}(P) c_x}{\underline{\lambda}(Q) r}\left(1 - \frac{r}{c_x}\right) \tag{4-21}$$

成立，其中

$$\zeta_1 \geqslant \frac{\iota \mathrm{e}^{L_f(1-\mu)T_p}}{\mu \cdot c_x} \tag{4-22}$$

$$\zeta_2 \leqslant 1 - \frac{r \mathrm{e}^{\frac{2\underline{\lambda}(Q)}{\bar{\lambda}(\sqrt{P})}\mu T_p}}{c_x} \tag{4-23}$$

则在触发时刻 $t_{\sigma+1}$，算法 4-1 均能够通过求解 OCP 计算得到一系列可行输入轨迹。

证明 为了证明算法 4-1 在触发时刻 $t_{\sigma+1}$ 可获得可行控制输入 $\tilde{u}(t_\upsilon, t_{\sigma+1})$，

需要证明 OCP 式 (4-7) 中的终端约束 $\tilde{x}(t_{\sigma+1}+T_p;t_{\sigma+1}) \in \mathbb{X}_\varepsilon$，控制输入约束 $\tilde{u}(t_\upsilon;t_{\sigma+1}) \in \mathbb{U}$ 和状态约束 $\tilde{x}(t_\upsilon;t_{\sigma+1}) \in \left(1 - \dfrac{t_\upsilon - t_{\sigma+1}}{T_p}\zeta\right)c_x$ 被同时满足。

（1）终端约束 $\tilde{x}(t_{\sigma+1}+T_p;t_{\sigma+1}) \in \mathbb{X}_\varepsilon$。

当 $t_\upsilon \in [t_{\sigma+1}, t_\sigma+T_p)$ 时，根据式 (4-17) 和 $t_\upsilon = t_\sigma+T_p$，可得

$$\|\tilde{x}(t_\sigma+T_p;t_{\sigma+1}) - \hat{x}^*(t_\sigma+T_p;t_\sigma)\|_P$$
$$\leqslant \|\tilde{x}(t_{\sigma+1};t_{\sigma+1}) - \hat{x}^*(t_{\sigma+1};t_\sigma)\|_P \, \mathrm{e}^{L_f(t_\sigma+T_p-t_{\sigma+1})} \tag{4-24}$$

根据定理 4-1 和引理 4-1，应用三角不等式，式 (4-24) 可以进一步写为

$$\|\tilde{x}(t_\sigma+T_p;t_{\sigma+1})\|_P \leqslant \|\hat{x}^*(t_\sigma+T_p;t_\sigma)\|_P + \iota \cdot \mathrm{e}^{L_f(1-\mu)T_p} \tag{4-25}$$

由于 $\|\hat{x}^*(t_\sigma+T_p;t_\sigma)\|_P \leqslant \varepsilon$，将式 (4-19) 代入式 (4-25)，可以推导得到 $\|\tilde{x}(t_\sigma+T_p;t_{\sigma+1})\|_P \leqslant r$，即 $\tilde{x}(t_\sigma+T_p;t_{\sigma+1}) \in \mathbb{X}_r$。当 $t_\upsilon \in [t_\sigma+T_p, t_{\sigma+1}+T_p)$ 时，状态轨迹 $\hat{x}(t_\upsilon, t_\sigma)$ 满足局部状态反馈控制器 $\tilde{u}(t_\upsilon, t_{\sigma+1}) = k(\tilde{x}(t_\upsilon, t_{\sigma+1}))$。根据假设 4-2，$\dot{V}_f(\tilde{x}(t_\upsilon, t_{\sigma+1})) \leqslant -\|\tilde{x}(t_\upsilon, t_{\sigma+1})\|_Q^2$ 成立。又因为 $V_f(\tilde{x}(t_\upsilon, t_{\sigma+1})) = \|\tilde{x}(t_\upsilon, t_{\sigma+1})\|_P^2$，表明 $\dfrac{\dot{V}_f(\tilde{x}(t_\upsilon, t_{\sigma+1}))}{V_f(\tilde{x}(t_\upsilon, t_{\sigma+1}))} \leqslant -\dfrac{\|\tilde{x}(t_\upsilon, t_{\sigma+1})\|_Q^2}{\|\tilde{x}(t_\upsilon, t_{\sigma+1})\|_P^2}$，通过应用比较原理，可以得到

$$V_f(\tilde{x}(t_\upsilon;t_{\sigma+1})) \leqslant r^2 \mathrm{e}^{-\frac{\lambda(Q)}{\lambda(P)}(t_\upsilon-t_\sigma-T_p)} \tag{4-26}$$

因此，根据定理 4-1，并将式 (4-20) 代入式 (4-26)，令 $t_\upsilon = t_{\sigma+1}+T_p$，从而满足 $\|\tilde{x}(t_{\sigma+1}+T_p, t_{\sigma+1})\|_P \leqslant \varepsilon$，即 $\tilde{x}(t_{\sigma+1}+T_p;t_{\sigma+1}) \in \mathbb{X}_\varepsilon$。

（2）控制输入约束 $\tilde{u}(t_\upsilon;t_{\sigma+1}) \in \mathbb{U}$。

当 $t_\upsilon \in [t_{\sigma+1}, t_\sigma+T_p)$ 时，应用式 (4-16) 可以得到 $\tilde{u}(t_\upsilon;t_{\sigma+1}) = \hat{u}^*(t_\upsilon;t_\sigma)$。当 $t_\upsilon \in [t_\sigma+T_p, t_{\sigma+1}+T_p)$ 时，根据假设 4-2 可知 $\tilde{u}(t_\upsilon;t_{\sigma+1}) = \kappa x(\tilde{x}(t_\upsilon;t_{\sigma+1})) \in \mathbb{U}$。因此，$\tilde{u}(t_\upsilon;t_{\sigma+1}) \in \mathbb{U}$，$t_\upsilon \in [t_{\sigma+1}, t_{\sigma+1}+T_p)$ 成立。

（3）状态约束 $\tilde{x}(t_\upsilon;t_{\sigma+1}) \in \left(1 - \dfrac{t_\upsilon - t_{\sigma+1}}{T_p}\zeta\right)c_x$。

当 $t_\upsilon \in [t_{\sigma+1}, t_\sigma+T_p)$，一方面，在触发时刻 t_σ，由于 OCP 式 (4-7) 是可行的，能够保证 $\hat{x}^*(t_\upsilon;t_\sigma) \in \left(1 - \dfrac{t_\upsilon - t_\sigma}{T_p}\zeta\right)c_x$；另一方面，根据引理 4-1，可得

$$\|\tilde{x}(t_\upsilon;t_{\sigma+1}) - \hat{x}^*(t_\upsilon;t_\sigma)\|_P \leqslant \iota e^{L_f(t_\upsilon-t_{\sigma+1})} \tag{4-27}$$

应用三角不等式，进一步有

$$\|\tilde{x}(t_{\upsilon};t_{\sigma+1})\|_P - \|\hat{x}^*(t_{\upsilon};t_{\sigma})\|_P \leqslant \|\tilde{x}(t_{\upsilon};t_{\sigma+1}) - \hat{x}^*(t_{\upsilon};t_{\sigma})\|_P \qquad (4\text{-}28)$$

因此，结合式 (4-27) 和式 (4-22)，令 $t_{\upsilon} = t_{\sigma} + T_p$，可以得到

$$\|\tilde{x}(t_{\upsilon};t_{\sigma+1})\|_P \leqslant \|\hat{x}^*(t_{\upsilon};t_{\sigma})\|_P + \iota e^{L_f(1-\mu)T_p} \qquad (4\text{-}29)$$

将式 (4-11) 代入式 (4-26)，由于不等式 (4-22) 成立，可证得在 $t_{\upsilon} \in [t_{\sigma+1}, t_{\sigma}+T_p)$，$\tilde{x}(t_{\upsilon};t_{\sigma+1}) \in \left(1 - \dfrac{t_{\upsilon}-t_{\sigma+1}}{T_p}\zeta\right)c_x$。

为了保证收紧约束 $\tilde{x}(t_{\upsilon};t_{\sigma+1}) \in \left(1 - \dfrac{t_{\upsilon}-t_{\sigma+1}}{T_p}\zeta\right)c_x$ 在区间 $t_{\upsilon} \in [t_{\sigma}+T_p, t_{\sigma+1}+T_p)$ 成立，根据式 (4-26)，式 (4-30) 成立：

$$re^{-\frac{\lambda(Q)}{2\lambda(P)}(t_{\upsilon}-t_{\sigma}-T_p)} \leqslant \left(1 - \frac{t_{\upsilon}-t_{\sigma+1}}{T_p}\zeta\right)c_x \qquad (4\text{-}30)$$

即满足不等式：

$$\zeta \leqslant \frac{T_p}{t_{\upsilon}-t_{\sigma+1}}\left(1 - \frac{re^{-\frac{\lambda(Q)}{2\lambda(P)}(t_{\upsilon}-t_{\sigma}-T_p)}}{c_x}\right) \qquad (4\text{-}31)$$

定义 $F(t_{\upsilon}) \triangleq \dfrac{T_p}{t_{\upsilon}-t_{\sigma+1}}\left(1 - \dfrac{re^{-\frac{\lambda(Q)}{2\lambda(P)}(t_{\upsilon}-t_{\sigma}-T_p)}}{c_x}\right)$，由于式 (4-21) 成立，其一阶微分 $F'(t_{\upsilon}) \leqslant 0$，也就是说，$\zeta \leqslant F(t_{\sigma+1}+T_p)$，$t_{\upsilon} \in [t_{\sigma}+T_p, t_{\sigma+1}+T_p)$ 成立。因此，若不等式 (4-23) 成立，即可证明 $\tilde{x}(t_{\upsilon};t_{\sigma+1}) \in \left(1 - \dfrac{t_{\upsilon}-t_{\sigma+1}}{T_p}\zeta\right)c_x$，$t_{\upsilon} \in [t_{\sigma}+T_p, t_{\sigma+1}+T_p)$。

定理 4-2 证明完毕。 □

4.3.2 稳定性分析

本小节对所提的基于 PID 信息的 ET-MPC 方法进行闭环系统稳定性分析，并总结为如下定理。

定理 4-3 若算法 4-1 和假设 4-1～ 假设 4-3 是成立的，如果不等式

$$-\frac{\lambda(Q)}{\overline{\lambda}(P)}(\varepsilon-\iota)^2\mu T_p + (r+\varepsilon)\iota \cdot e^{L_f(1-\mu)T_p} + \frac{\overline{\lambda}(Q)\iota^2}{2\underline{\lambda}(P)L_f}\left(e^{2L_f(1-\mu)T_p}-1\right)$$

$$+\frac{2\overline{\lambda}(Q)(1-\mu\zeta)c_x\iota}{\underline{\lambda}(P)L_f}\left(e^{L_f(1-\mu)T_p}-1\right) \leqslant 0$$

$$(4\text{-}32)$$

成立，则对于所有 $x(t_0) \in \mathbb{X}_0$，所考虑的 CPS 是闭环稳定的。

　　证明　当 $x(t_0) \in \mathbb{X} \backslash \mathbb{X}_\varepsilon$，相邻触发时刻的 Lyapunov 函数值 $J(\tilde{x}(t_{\sigma+1}))$ 和 $J(\hat{x}^*(t_\sigma))$ 的误差如下所示：

$$J(\tilde{x}(t_{\sigma+1})) - J(\hat{x}^*(t_\sigma)) \triangleq \Delta J_1 + \Delta J_2 + \Delta J_3 \tag{4-33}$$

其中

$$\Delta J_1 = -\int_{t_\sigma}^{t_{\sigma+1}} L(\hat{x}^*(t_x; t_\sigma), \hat{u}^*(t_x; t_\sigma)) \, \mathrm{d}t_x \tag{4-34}$$

$$\Delta J_2 = \int_{t_{\sigma+1}}^{t_\sigma+T_p} [L(\tilde{x}(t_x; t_{\sigma+1}), \tilde{u}(t_x; t_{\sigma+1})) - L(\hat{x}^*(t_x; t_\sigma), \hat{u}^*(t_x; t_\sigma))] \, \mathrm{d}t_x \tag{4-35}$$

$$\Delta J_3 = -\int_{t_\sigma+T_p}^{t_{\sigma+1}+T_p} L(\tilde{x}(t_x; t_{\sigma+1}), \tilde{u}(t_x; t_{\sigma+1})) \, \mathrm{d}t_x$$

$$+ V_f(\tilde{x}(t_{\sigma+1} + T_p; t_{\sigma+1})) - V_f(\hat{x}^*(t_\sigma + T_p; t_\sigma)) \tag{4-36}$$

　　首先，ΔJ_1 可改写为

$$\Delta J_1 \leqslant -\frac{\underline{\lambda}(Q)}{\overline{\lambda}(P)} \int_{t_\sigma}^{t_{\sigma+1}} \|\hat{x}^*(t_{\sigma+1} - t_\sigma)\|_P^2 \mathrm{d}t_x \tag{4-37}$$

由于 $\|\tilde{x}(t_{\sigma+1}; t_{\sigma+1})\|_P \geqslant \|\hat{x}^*(t_{\sigma+1}; t_{\sigma+1})\|_P \geqslant \varepsilon$ 和 $-\|\hat{x}^*(t_{\sigma+1}; t_\sigma)\|_P \leqslant -\|\tilde{x}(t_{\sigma+1}; t_{\sigma+1})\|_P + \iota$，结合定理 4-1，可以得到 ΔJ_1 为

$$\Delta J_1 \leqslant -\frac{\underline{\lambda}(Q)}{\overline{\lambda}(P)} \int_{t_\sigma}^{t_{\sigma+1}} \|\hat{x}^*(t_{\sigma+1} - t_\sigma)\|_P^2 \mathrm{d}t_x \tag{4-38}$$

　　其次，根据式 (4-23)，可以得到 ΔJ_2 为

$$\Delta J_2 \leqslant \int_{t_{\sigma+1}}^{t_\sigma+T_p} \left[\|\tilde{x}(t_x; t_{\sigma+1})\|_Q^2 - \|\hat{x}^*(t_x; t_\sigma)\|_Q^2\right] \mathrm{d}t_x \tag{4-39}$$

因为 $x(t_\upsilon; t_\sigma) \in \left(1 - \dfrac{t_{\sigma+1} - t_\sigma}{T_p} \zeta\right) c_x$，$t_\upsilon \in [t_{\sigma+1}, t_\sigma + T_p)$ 成立，应用三角不等式，可以得到

$$\Delta J_2 \leqslant \frac{\overline{\lambda}(Q)}{\underline{\lambda}(P)} \int_{t_{\sigma+1}}^{t_\sigma+T_p} \|\tilde{x}(t_x; t_{\sigma+1}) - \hat{x}^*(t_x; t_\sigma)\|_P^2 \mathrm{d}t_x$$

$$+ \frac{2\overline{\lambda}(Q)}{\underline{\lambda}(P)} \left(1 - \frac{t_{\sigma+1} - t_\sigma}{T_p} \zeta\right) c_x \cdot \int_{t_{\sigma+1}}^{t_\sigma+T_p} \|\tilde{x}(t_x; t_{\sigma+1}) - \hat{x}^*(t_x; t_\sigma)\|_P^2 \mathrm{d}t_x$$

$$= \Delta J_{21} + \Delta J_{22} \tag{4-40}$$

根据引理 4-1，可以计算得到 ΔJ_{21}：

$$\Delta J_{21} \leqslant \frac{\bar{\lambda}(Q)}{\underline{\lambda}(P)} \int_{t_{\sigma+1}}^{t_\sigma+T_p} \iota^2 \mathrm{e}^{2L_f(t_x-t_{\sigma+1})} \mathrm{d}t_x \leqslant \frac{\bar{\lambda}(Q)\iota^2}{2\underline{\lambda}(P)L_f} \left(\mathrm{e}^{2L_f(1-\mu)T_p}-1\right) \quad (4\text{-}41)$$

同样地，可以计算得到 ΔJ_{22}：

$$\Delta J_{22} \leqslant \frac{2\bar{\lambda}(Q)(1-\mu\zeta)c_x\iota}{\underline{\lambda}(P)L_f} \cdot \left(\mathrm{e}^{L_f(1-\mu)T_p}-1\right) \quad (4\text{-}42)$$

因此，结合式 (4-41) 和式 (4-42)，可以得到

$$\Delta J_2 \leqslant \frac{\bar{\lambda}(Q)\iota^2}{2\underline{\lambda}(P)L_f} \left(\mathrm{e}^{2L_f(1-\mu)T_p}-1\right) + \frac{2\bar{\lambda}(Q)(1-\mu\zeta)c_x\iota}{\underline{\lambda}(P)L_f} \left(\mathrm{e}^{L_f(1-\mu)T_p}-1\right) \quad (4\text{-}43)$$

最后，对于 ΔJ_3，根据引理 4-1，并且令 $t_\upsilon = t_\sigma + T_p$，不等式

$$\Delta J_3 \leqslant (r+\varepsilon)\iota \cdot \mathrm{e}^{L_f(1-\mu)T_p} \quad (4\text{-}44)$$

成立。结合式 (4-30)、式 (4-36) 和式 (4-37)，如果不等式 (4-27) 成立，则对于所有 $x(t_0) \in \mathbb{X}\backslash\mathbb{X}_\varepsilon$，CPS 是闭环稳定的。

当 $x(t_0) \in \mathbb{X}_\varepsilon$ 时，根据式 (4-30) 以及不等式 $-\|\hat{x}^*(t_{\sigma+1};t_\sigma)\|_P^2 \leqslant -\|\tilde{x}(t_{\sigma+1};t_{\sigma+1})\|_P^2 + \iota^2 + 2\iota\|\hat{x}^*(t_{\sigma+1};t_\sigma)\|_P$，可进一步得到

$$\Delta J_1 \leqslant \frac{\lambda(Q)}{\bar{\lambda}(P)}\mu T_p \left(-\|\tilde{x}(t_{\sigma+1};t_{\sigma+1})\|_P^2 + \iota^2 + 2\iota\varepsilon\right) \quad (4\text{-}45)$$

类似式 (4-34) 和式 (4-35)，ΔJ_2 可推导为

$$\Delta J_2 \leqslant \frac{\bar{\lambda}(Q)\iota^2}{2\underline{\lambda}(P)L_f} \left(\mathrm{e}^{2L_f(1-\mu)T_p}-1\right) + \frac{2\bar{\lambda}(Q)\iota\varepsilon}{\underline{\lambda}(P)L_f} \left(\mathrm{e}^{L_f(1-\mu)T_p}-1\right) \quad (4\text{-}46)$$

结合式 (4-45)、式 (4-39) 和式 (4-37)，可以得到：

$$J(\tilde{x}(t_{\sigma+1})) - J(\hat{x}^*(t_\sigma)) \leqslant (r+\varepsilon)\iota \cdot \mathrm{e}^{L_f(1-\mu)T_p}$$
$$+ \frac{\lambda(Q)}{\bar{\lambda}(P)}\mu T_p \left(-\|\tilde{x}(t_{\sigma+1};t_{\sigma+1})\|_P^2 + \iota^2 + 2\iota\varepsilon\right)$$
$$+ \frac{\bar{\lambda}(Q)\iota^2}{2\underline{\lambda}(P)L_f} \left(\mathrm{e}^{2L_f(1-\mu)T_p}-1\right)$$
$$+ \frac{2\bar{\lambda}(Q)\iota\varepsilon}{\underline{\lambda}(P)L_f} \left(\mathrm{e}^{L_f(1-\mu)T_p}-1\right) \quad (4\text{-}47)$$

这意味着非线性 CPS 的状态当满足 $x(t) \in \mathbb{X}_\varepsilon$ 时，系统可以在有限的时间内收敛到一个更小的不变集。

定理 4-3 证明完毕。 $\qquad\square$

4.4   仿 真 验 证

在该部分中，通过 MATLAB 仿真模拟验证算法 4-1 可以在有效节约计算资源的同时驱动被控系统到达指定目标位置。考虑式 (4-48) 所示的质量–弹簧–阻尼器系统：

$$\begin{cases} \dot{x}_1\left(t\right) = x_2\left(t\right) \\ \dot{x}_2\left(t\right) = -\dfrac{\tau}{M_\mathrm{c}}\mathrm{e}^{-x_1(t)}x_1\left(t\right) - \dfrac{h_\mathrm{d}}{M_\mathrm{c}}x_2\left(t\right) + \dfrac{u\left(t\right)}{M_\mathrm{c}} + \dfrac{w\left(t\right)}{M_\mathrm{c}} \end{cases} \tag{4-48}$$

式中，$x_1\left(t\right)$ 和 $x_2\left(t\right)$ 分别为质量块的位移和速度；非线性参数 $\tau = 0.9\mathrm{N \cdot m^{-1}}$；质量块的质量 $M_\mathrm{c} = 1.25\mathrm{kg}$；弹簧参数 $h_\mathrm{d} = 0.42\mathrm{N \cdot s \cdot m^{-1}}$；输入约束和状态约束分别为 $\|u\left(t\right)\| \in [-1\mathrm{N}, 1\mathrm{N}]$ 和 $\mathbb{X} \triangleq \{x \mid \|x\left(t\right)\|_P \leqslant c_x\}$，其中 $c_x = \|x\left(t_0\right)\|_P = \left\|\left[1.2\,\mathrm{m}, -2\,\mathrm{m \cdot s^{-1}}\right]^\mathrm{T}\right\|_P$。仿真时间和采样时间分别为 $T_\mathrm{up} = 10\mathrm{s}$ 和 $\Delta t = 0.1\mathrm{s}$；权重矩阵为 $Q = 0.2I_2$，$R = 0.1$ 和 $P = [0.1692, 0.0572; 0.0572, 0.1391]$，局部状态反馈矩阵为 $K = [-0.4454, -1.0932]$。根据定理 4-2，选取参数 $\mu = 0.05, r = 0.1508, \varepsilon = 0.1450$ 时，可计算得到 $\rho \leqslant 0.0033$，$T_p \in [1.6731, 8.1217]$，$\zeta \in [0.0290, 0.8038]$。因此，选取扰动及其上界值分别为 $w\left(t\right) = 0.0006\sin\left(1.4t\right)$ 和 $\rho = 0.0006$，预测时域 $T_p = 2.5\mathrm{s}$，收缩率 $\zeta = 0.8$。对于触发条件，$K_p = 1.4$，$K_i = 0.9$，$K_d = 0.7$。Lipschitz 常数 $L_f = 1.4$，计算得到其触发阈值 $\delta_0 = 7.6898 \times 10^{-4}$。

给定初始状态 $x\left(t_0\right) = \left[1.2\,\mathrm{m}, -2\,\mathrm{m \cdot s^{-1}}\right]^\mathrm{T}$，三种 MPC 算法下的状态轨迹对比展示在图 4-2中。通过图 4-2可以发现，在相同的初始状态下，上述三种 MPC 算法控制下的约束系统状态不仅都能到达目标 $[0,0]^\mathrm{T}$，而且在整个控制过

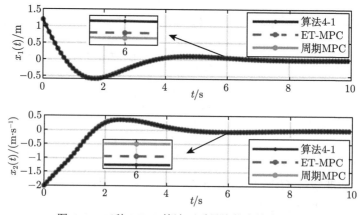

图 4-2   三种 MPC 算法下质量块状态轨迹对比

程中被控状态的动态行为也是相似的。图 4-3 对比了 ET-MPC 算法[69] 和算法 4-1 的触发情况。可以观察到，算法 4-1 仅需要求解 2 次 OCP 就能确保闭环稳定性，而 ET-MPC 则需要求解 6 次才能达到相同的目的。通过上述仿真结果可以发现，与 ET-MPC 算法相比，算法 4-1 所需的通信和计算资源减少了三分之二，与现有的 MPC 方法相比，本章提出的算法 4-1 在所需触发次数更少的同时仍然能够实现与现有方法类似的控制性能，从而实现资源消耗与控制性能之间的平衡。

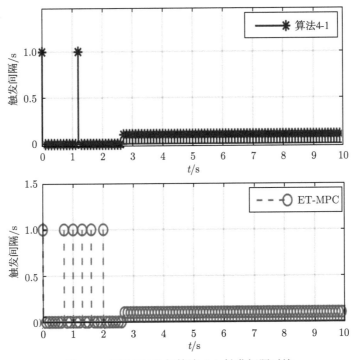

图 4-3 ET-MPC 与算法 4-1 触发间隔对比

4.5 本章小结

本章针对具有附加扰动以及输入和状态约束的连续非线性 CPS，提出了一种基于 PID 信息的 ET-MPC 算法。具体来说，本章开发的基于 PID 信息的 ET-MPC 算法同时考虑基于状态误差的比例、积分和微分信息，而非传统 ET-MPC 中仅考虑单个时刻的误差，可有效避免因残留误差和状态突变对控制系统的影响。在分析过程中，给出了严格避免芝诺效应的证明过程和结论，并给出了满足算法可行性和系统稳定性的条件。在仿真验证中,将基于 PID 信息的 ET-MPC 算法与周期 MPC 算法和 ET-MPC 算法在相同条件下用质量–弹簧–阻尼器系统做了仿真比较,相较于现有 ET-MPC 算法,在保证相同控制效果前提下大幅度降低了触发次数。

第 5 章 DoS 攻击下线性系统弹性事件触发预测控制

CPS 在运行过程中不仅会受到资源限制的影响，而且更严峻的挑战是其可能会遭到网络攻击的破坏，从而导致系统失稳，甚至引发重大安全事故。在现有网络攻击中 DoS 攻击是一类最易发动且最常见的网络攻击手段，因此在构建事件触发机制时考虑 DoS 攻击对系统的影响尤为重要 [2,18,88,91]。

本章在考虑 DoS 攻击前提下针对存在附加扰动的线性系统，首先构建了一个基于斜率的 ET-MPC 方法，该方法的触发条件是基于两个连续采样时刻的实际状态与最优预测轨迹之间的误差梯度设计的。其次，在 DoS 攻击环境下对本章提出的 ET-MPC 算法的弹性特性进行了分析论证，并推导出了最大安全时间。此外，还给出了新 ET-MPC 算法的可行性和闭环稳定性的充分条件。最后，基于质量–弹簧–阻尼系统对算法的控制性能进行仿真对比分析。

5.1 问 题 描 述

本章所考虑的 CPS 系统如图 5-1所示，其中传感器通过网络通道连接到 ET-MPC 控制器。系统的运行状态通过下列线性连续系统方程表示。

$$\begin{cases} \dot{x}(t) = \mathcal{A}x(t) + \mathcal{B}u(t) + \mathcal{D}w(t) \\ x(t_0) = x_0, \quad t_0 \geqslant 0 \end{cases} \tag{5-1}$$

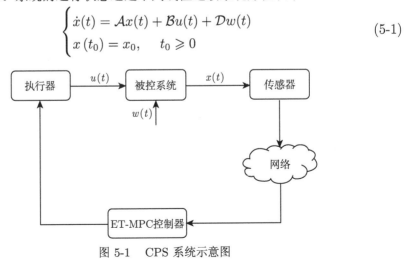

图 5-1 CPS 系统示意图

式中，系统状态满足约束 $x(t) \in \mathcal{X}$，控制输入满足约束 $u(t) \in \mathcal{U}$，附加扰动满足约束 $w(t) \in \mathcal{D}$，并且其上界 $\beta = \sup\limits_{w(t) \in \mathcal{D}} \|w(t)\|$。

假设 5-1   给定一个名义系统 $\dot{x}(t) = \mathcal{A}x(t) + \mathcal{B}u(t)$，存在一个局部状态反馈矩阵 $\mathcal{K}$，使得 $\mathcal{A}_\mathcal{K} = \mathcal{A} + \mathcal{K}\mathcal{B}$ 是 Hurwitz 矩阵。

基于假设 5-1 可以将式 (5-1) 演化为

$$\dot{x}(t) = \mathcal{A}_\mathcal{K}x(t) + \mathcal{D}w(t) \tag{5-2}$$

引理 5-1   在假设 5-1 成立的前提下，存在正定矩阵 Q、R 和一个大于零的常数 γ，使得下列条件成立：

- 存在矩阵 P 使得 $Q + \mathcal{K}^\mathrm{T}R\mathcal{K} + \mathcal{A}_\mathcal{K}^\mathrm{T}P + P\mathcal{A}_\mathcal{K} \leqslant 0$；

- $u(\cdot) = \mathcal{K}x(\cdot) \in \mathcal{U}$，其中 $x(\cdot) \in \Omega(\gamma)$，并且，$\Omega(\gamma) \triangleq \{x \in \mathbb{R}^n | \|x(\cdot)\| \leqslant \gamma\}$；

- $\dot{\mathcal{N}}(x(\cdot)) \leqslant -\|x(\cdot)\|_{Q^*}^2$，其中，$Q^* = Q + \mathcal{K}^\mathrm{T}R\mathcal{K}$，$\mathcal{N}(x(\cdot)) = \|x(\cdot)\|_P^2$。

5.2   算 法 设 计

考虑 5.1 节描述的线性 CPS 系统，本节将设计一个弹性 ET-MPC 算法，以平衡网络安全和资源受限矛盾。主要包括 OCP 的设计、弹性事件触发机制的设计，以及弹性 ET-MPC 算法的设计。

5.2.1   最优控制问题

对于给定的系统式 (5-1)，在 $\{t_\sigma\}$，$\sigma \in \mathbb{N}$ 时刻，需要求解的 OCP 定义如下：

$$\hat{u}^*(\tau; t_\sigma) = \arg\min\nolimits_{\tilde{u}(\tau; t_\sigma)} \mathcal{J}(\tilde{x}(\tau; t_\sigma), \tilde{u}(\tau; t_\sigma)) \tag{5-3}$$

$$\text{s.t.} \begin{cases} \dot{\tilde{x}}(\tau; t_\sigma) = \mathcal{A}\tilde{x}(\tau; t_\sigma) + \mathcal{B}\tilde{u}(\tau; t_\sigma) \\ \tilde{x}(\tau; t_\sigma) \in \mathcal{X}, \quad \tilde{u}(\tau; t_\sigma) \in \mathcal{U} \\ \|\tilde{x}(\tau; t_\sigma)\| \leqslant \dfrac{T_p\epsilon}{\tau - t_\sigma}, \quad \tau \in [t_\sigma, t_\sigma + T_p] \end{cases}$$

其中，$\tilde{u}(\tau; t_\sigma)$ 和 $\tilde{x}(\tau; t_\sigma)$ 分别表示 t_σ 时刻的最优控制输入以及相应的最优状态轨迹；T_p 表示预测时域的长度；$\|\tilde{x}(\tau; t_\sigma)\| \leqslant \dfrac{T_p\epsilon}{\tau - t_\sigma}$ 表示鲁棒约束，其中 $\epsilon \in (0, \gamma)$。OCP 的求解目标是获得满足约束的最优控制输入 $\hat{u}^*(\tau; t_\sigma)$，从而使相应的代价函数最小。OCP 中代价函数定义如下：

$$\mathcal{J}(\hat{x}(\tau; t_\sigma), \hat{u}(\tau; t_\sigma)) \triangleq \mathcal{N}(\hat{x}(t_\sigma + T_p; t_\sigma))$$

$$+ \int_{t_\sigma}^{t_\sigma + T_p} (\|\hat{x}(\tau; t_\sigma)\|_Q^2 + \|\hat{u}(\tau; t_\sigma)\|_R^2) \mathrm{d}\tau \tag{5-4}$$

其中，$\mathcal{N}(\hat{x}(t_\sigma + T_p; t_\sigma)) = \|\hat{x}(t_\sigma + T_p; t_\sigma)\|_P^2$，表示终端代价函数。

5.2.2 弹性事件触发机制设计

由于未知扰动的存在，系统的实际状态轨迹 $x(\tau; t_\sigma)$ 和最优状态轨迹 $\hat{x}^*(\tau; t_\sigma)$ 不能完全重合。因此，本节提出了一种基于相邻时刻最优状态与实际状态误差梯度的事件触发机制。该机制通过分析连续时间误差的平均值，考虑了系统状态的动态变化，从而可以降低系统受到状态突变和 DoS 攻击的影响。具体的触发条件设计如下：

$$\begin{cases} \tilde{t}_{\sigma+1} \triangleq \inf_{\tau > t_\sigma} \{\tau : \|\delta(\tau; t_\sigma)\| - \|\delta(\tau - 1; t_\sigma)\| = \phi\} \\ \delta(\tau; t_\sigma) = \hat{x}^*(\tau; t_\sigma) - x(\tau; t_\sigma), \tau \in [t_\sigma, t_\sigma + T_p] \end{cases} \tag{5-5}$$

式中，$\phi = \dfrac{2\beta \|\mathcal{D}\|}{\|\mathcal{A}\|} \delta^{\|\mathcal{A}\| \mu T_p}$，$0 < \mu < 1$ 是触发阈值；$\hat{x}^*(t_i; t_\sigma)$、$x(t_i; t_\sigma)$ 分别是最优和实际状态，其中 $t_i \in [t_\sigma, t_\sigma + T_p]$。假设 OCP 式 (5-3) 在初始状态下有解，并且系统状态可以在连续时间下进行测量。基于式 (5-5)，可以得到下次触发时间为

$$t_{\sigma+1} = \min\{\tilde{t}_{\sigma+1}, t_\sigma + T_p\} \tag{5-6}$$

5.2.3 弹性事件触发模型预测控制算法设计

为降低资源消耗和 DoS 攻击的影响，本章开发的弹性 ET-MPC 算法依然采用"双模"控制方法，即当系统状态 $x(t) \in \Omega(\gamma)$，使用局部状态反馈控制器 $u(t) = \mathcal{K}x(t)$ 代替求解 OCP。基于上述事件触发机制和"双模"控制方法，弹性 ET-MPC 算法可以总结为算法 5-1。

算法 5-1：弹性 ET-MPC 算法

1: while $x(\tau; t_\sigma) \notin \Omega(\gamma)$ do
2:     求解 OCP 式 (5-3) 得到 $\hat{u}^*(\tau; t_\sigma)$；
3:     while 未满足触发条件式 (5-5) do
4:         应用最优控制输入 $\hat{u}^*(\tau; t_\sigma)$；
5:     end while
6:     $\sigma = \sigma + 1$；
7: end while
8: 应用局部状态反馈控制器 $u(t) = \mathcal{K}x(t)$。

5.3　理 论 分 析

本节将介绍本章的主要理论结果，即分析算法 5-1 的迭代可行性和闭环系统的稳定性，并给出保证其成立的充分条件。

5.3.1　迭代可行性分析

由于事件触发机制的特点，OCP 只在特定时间被求解，所以有必要对其迭代可行性进行分析。

定理 5-1　对于线性系统式 (5-1)，在假设 5-1 成立的前提下，如果下列条件得到满足，则算法 5-1 是迭代可行的。

$$\beta \leqslant \frac{\|\mathcal{A}\|\,(r - \epsilon)}{\|\mathcal{D}\|\,\delta^{\|\mathcal{A}\|(T_p + \mu T_p)}} \tag{5-7}$$

$$\mu \geqslant 2\frac{\lambda_{\max}(P)}{\lambda_{\min}(Q^*)T_p}\ln\frac{\gamma}{\epsilon}, \quad Q^* = Q + \mathcal{K}^{\mathrm{T}}R\mathcal{K} \tag{5-8}$$

$$\epsilon \geqslant \max\left\{\frac{2\lambda_{\max}(P)\gamma}{\lambda_{\min}(Q^*)T_p},\ (1-\mu)\gamma\right\}, \quad \frac{2\lambda_{\max}(P)}{\lambda_{\min}(Q^*)T_p} < 1 \tag{5-9}$$

证明　在 $\tau \in [t_{\sigma+1}, t_{\sigma+1} + T_p]$，构造可行控制输入 $\tilde{u}(\tau; t_{\sigma+1})$，具体形式如下。

$$\tilde{u}(\tau; t_{\sigma+1}) = \begin{cases} \hat{u}^*(\tau; t_\sigma), & \tau \in [t_{\sigma+1}, t_\sigma + T_p] \\ \mathcal{K}\tilde{x}(\tau; t_{\sigma+1}), & \tau \in [t_\sigma + T_p, t_{\sigma+1} + T_p] \end{cases} \tag{5-10}$$

状态序列 $\tilde{x}(\tau; t_{\sigma+1})$ 和 $\hat{x}^*(\tau; t_\sigma)$ 之间的关系可由式 (5-11) 得到：

$$\|\tilde{x}(\tau; t_{\sigma+1}) - \hat{x}^*(\tau; t_\sigma)\|$$

$$= \left\| \tilde{x}(t_{\sigma+1}; t_{\sigma+1})\delta^{\mathcal{A}(\tau - t_{\sigma+1})} + \int_{t_{\sigma+1}}^{\tau} \mathcal{B}\tilde{u}(\tau; t_{\sigma+1})\delta^{\mathcal{A}(\tau - \theta)}\mathrm{d}\theta - \hat{x}^*(t_{\sigma+1}; t_\sigma)\delta^{\mathcal{A}(\tau - t_\sigma)} \right.$$

$$\left. - \int_{t_{\sigma+1}}^{\tau} \mathcal{B}\hat{u}^*(\tau; t_\sigma)\delta^{\mathcal{A}(\tau - \theta)}\mathrm{d}\theta \right\| \leqslant \|x(t_{\sigma+1}) - \hat{x}^*(t_{\sigma+1}; t_\sigma)\|\,\delta^{\|\mathcal{A}\|(\tau - t_\sigma)}$$

$$\leqslant \frac{\phi}{2}\delta^{\|\mathcal{A}\|\mu T_p} \tag{5-11}$$

当 $\tau \in [t_{\sigma+1}, t_\sigma + T_p]$ 时，由式 (5-10) 可知 $\tilde{u}(\tau; t_{\sigma+1}) \in \mathcal{U}$。当 $\tau \in [t_\sigma + T_p, t_{\sigma+1} + T_p]$ 时，由假设 5-1，可以得到局部状态反馈矩阵 $\mathcal{K}$，从而满足控制约束 $\mathcal{U}$。

接下来，将要证明 $\|\tilde{x}(t_\sigma + T_p; t_{\sigma+1})\| \in \Omega(\gamma)$。当 $\tau = t_\sigma + T_p$ 时，式 (5-12) 可以由式 (5-11) 得出：

$$\|\tilde{x}(t_\sigma + T_p; t_{\sigma+1})\| \leqslant \|\hat{x}^*(t_\sigma + T_p; t_\sigma)\| + \frac{\phi}{2}\delta^{\|\mathcal{A}\|T_p} \tag{5-12}$$

并且，由 $\hat{u}^*(\tau; t_\sigma)$, $\tau \in [t_\sigma, t_\sigma + T_p]$，可得到 $\|\hat{x}^*(t_\sigma + T_p; t_\sigma)\| \leqslant \epsilon$。结合 $\beta \leqslant \dfrac{\|\mathcal{A}\|(r-\epsilon)}{\|\mathcal{D}\|}\delta^{-\|\mathcal{A}\|(T_p + \mu T_p)}$，可得

$$\|\tilde{x}(t_\sigma + T_p; t_{\sigma+1})\| \leqslant \epsilon + \frac{\beta\|\mathcal{D}\|}{\|\mathcal{A}\|}\delta^{\|\mathcal{A}\|(\mu T_p + T_p)} \leqslant \gamma \tag{5-13}$$

式 (5-13) 表明，由 $\hat{u}^*(t_\sigma + T_p; t_\sigma)$ 驱动产生的状态轨迹将收敛至 $\Omega(\epsilon)$ 时，即构造的可行控制输入 $\tilde{u}(\tau; t_{\sigma+1})$ 可以驱动系统状态轨迹收敛至集合 $\Omega(\gamma)$。

当 $\tau \in [t_\sigma + T_p, t_{\sigma+1} + T_p]$ 时，根据引理 5-1 有

$$\dot{\mathcal{N}}(\tilde{x}(\tau; t_\sigma + T_p)) \leqslant -\|\tilde{x}(\tau(t_\sigma + T_p))\|_{Q^*}^2 \leqslant -\frac{\lambda_{\min}(Q^*)}{\lambda_{\max}(P)}\mathcal{N}(\tilde{x}(\tau; t_\sigma + T_p)) \tag{5-14}$$

式 (5-14) 中，$Q^* = Q + \mathcal{K}^\mathrm{T}R\mathcal{K}$。应用比较原则，可得

$$\mathcal{N}(\tilde{x}(\tau; t_{\sigma+1})) \leqslant \mathcal{N}(\tilde{x}(t_\sigma + T_p; t_{\sigma+1}))\delta^{-\frac{\lambda_{\min}(Q^*)}{\lambda_{\max}(P)}(\tau - t_\sigma - T_p)} \tag{5-15}$$

其中，$\tau \in [t_\sigma + T_p, t_{\sigma+1} + T_p]$。结合 $\tilde{x}(t_\sigma + T_p; t_{\sigma+1}) \leqslant \gamma$, $\tau = t_{\sigma+1} + T_p$，可得

$$\|\tilde{x}(t_{\sigma+1} + T_p; t_{\sigma+1})\| \leqslant \gamma\delta^{-\frac{\lambda_{\min}(Q^*)}{2\lambda_{\max}(P)}\mu T_p} \tag{5-16}$$

将式 (5-8) 代入式 (5-16)，可得 $\|\tilde{x}(t_{\sigma+1} + T_p; t_{\sigma+1})\| \leqslant \epsilon$。由上述过程可以发现构造的可行控制输入 $\tilde{u}(\tau; t_{\sigma+1})$ 可以驱动系统状态进入终端域 $\Omega(\gamma)$，并且在 $\tau = t_{\sigma+1} + T_p$ 时，系统状态将在 $\tilde{u}(\tau; t_{\sigma+1})$ 的驱动下进入鲁棒终端域 $\Omega(\epsilon)$。

接下来将证明系统状态满足鲁棒约束，即 $\|\tilde{x}(\tau; t_{\sigma+1})\| \leqslant \dfrac{T_p\epsilon}{\tau - t_{\sigma+1}}$。

当 $\tau \in [t_{\sigma+1}, t_\sigma + T_p]$ 时，根据式 (5-13) 可以得出 $\|\tilde{x}(\tau; t_{\sigma+1})\| \leqslant \dfrac{T_p\epsilon}{\tau - t_\sigma} + \gamma - \epsilon$。由式 (5-9) $\epsilon \geqslant \dfrac{T_p - \mu T_p}{T_p}\gamma$，可得 $\gamma - \epsilon \leqslant \dfrac{\mu T_p}{T_p}\gamma \leqslant \dfrac{\mu T_p}{T_p - \mu T_p}\epsilon \leqslant \dfrac{t_{\sigma+1} - t_\sigma}{(\tau - t_{\sigma+1})(\tau - t_\sigma)}T_p\epsilon$。然后，可以得到如下关系式：

$$\|\tilde{x}(\tau; t_{\sigma+1})\| \leqslant \frac{T_p\epsilon}{\tau - t_\sigma} + r - \phi \leqslant \frac{T_p\epsilon}{\tau - t_\sigma} + \frac{t_{\sigma+1} - t_\sigma}{(\tau - t_{\sigma+1})(\tau - t_\sigma)}T_p\epsilon \leqslant \frac{T_p\epsilon}{\tau - t_{\sigma+1}} \tag{5-17}$$

至此，完成了在 $\tau \in [t_{\sigma+1}, t_\sigma + T_p]$，系统状态满足鲁棒约束的证明。

当时间 $\tau \in [t_\sigma + T_p, t_{\sigma+1} + T_p]$ 时，由式 (5-15) 可得 $\|\tilde{x}(\tau; t_{\sigma+1})\| \leqslant \gamma$
$\delta^{-\frac{\lambda_{\min}(Q^*)}{2\lambda_{\max}(P)}(\tau - t_\sigma - T_p)}$。在这个时间间隔内，状态满足鲁棒约束的形式为

$$\gamma \delta^{-\frac{\lambda_{\min}(Q^*)}{2\lambda_{\max}(P)}(\tau - t_\sigma - T_p)} \leqslant \frac{T_p \epsilon}{\tau - t_{\sigma+1}} \tag{5-18}$$

式 (5-18) 等价于 $\dfrac{\gamma(\tau - t_{\sigma+1}) - \delta^{\frac{\lambda_{\min}(Q^*)}{2\lambda_{\max}(P)}(\tau - t_\sigma - T_p)} T_p \epsilon}{(\tau - t_{\sigma+1}) \delta^{\frac{\lambda_{\min}(Q^*)}{2\lambda_{\max}(P)}(\tau - t_\sigma - T_p)}} \leqslant 0$。定义函数为如下的

形式：

$$f(\tau) = \gamma(\tau - t_{\sigma+1}) - \delta^{\frac{\lambda_{\min}(Q^*)}{2\lambda_{\max}(P)}(\tau - t_\sigma - T_p)} T_p \epsilon \tag{5-19}$$

对式 (5-19) 求导可得

$$\frac{\mathrm{d}f(\tau)}{\mathrm{d}\tau} = \gamma - T_p \epsilon \frac{\lambda_{\min}(Q^*)}{2\lambda_{\max}(P)} \delta^{\frac{\lambda_{\min}(Q^*)}{2\lambda_{\max}(P)}(\tau - t_\sigma - T_p)} \tag{5-20}$$

因为 $\epsilon \geqslant \dfrac{T_p - \mu T_p}{T_p} \gamma$，所以有 $f(t_\sigma + T_p) = \gamma(t_\sigma + T_p - t_{\sigma+1}) - T_p \epsilon \leqslant \gamma(T_p - \mu T_p) - T_p \epsilon \leqslant 0$。因此，函数 $f(\tau)$ 为单调递减函数，其最大值为

$$\left. \frac{\mathrm{d}f(\tau)}{\mathrm{d}\tau} \right|_{\tau = t_\sigma + T_p} = \gamma - T_p \epsilon \frac{\lambda_{\min}(Q^*)}{2\lambda_{\max}(P)} \tag{5-21}$$

由于，在式 (5-9) 的条件中有 $\epsilon \geqslant \dfrac{2\lambda_{\max}(P)}{\lambda_{\min}(Q^*) T_p} \gamma$，因此，得 $\dfrac{\mathrm{d}f(\tau)}{\mathrm{d}\tau} \leqslant 0$，即 $f(\tau) \leqslant 0$，

等价于在 $\tau \in [t_\sigma + T_p, t_{\sigma+1} + T_p]$，$\|\tilde{x}(\tau; t_{\sigma+1})\| \leqslant \gamma \delta^{-\frac{\lambda_{\min}(Q^*)}{2\lambda_{\max}(P)}(\tau - t_\sigma - T_p)}$。

综上所述，完成了对算法 5-1 迭代可行性的证明。　　　　　　　　　　　　□

5.3.2　稳定性分析

算法 5-1 对应的系统稳定性由下述定理保证。

定理 5-2　在引理 5-1 和定理 5-1 得到满足的前提下，如果由算法 5-1 产生的最优控制输入满足以下条件，那么其所控制的系统式 (5-1) 是稳定的，并且系统状态会收敛到集合 $\Omega(\epsilon_f)$，其中，$0 < \epsilon_f < \epsilon$。

$$(1 - \mu) \lambda_{\max}(Q) T_p \phi \delta^{\|A\| T_p} \left(\phi \delta^{\|A\| T_p} + \frac{2\epsilon}{\mu} \right)$$

$$+ \lambda_{\max}(P)(r+\epsilon)\phi\delta^{\|A\|T_p} \leqslant \lambda_{\min}(Q)\mu T_p\epsilon^2 \tag{5-22}$$

证明 首先，当系统初始状态不在鲁棒终端域内，即 $x(t_0) \in \mathcal{X} \backslash \Omega(\epsilon)$ 时，应用可行控制输入 $\tilde{u}(\tau;t_{\sigma+1})$，可得

$$\mathcal{J}(\hat{x}^*(\tau;t_{\sigma+1}), \hat{u}^*(\tau;t_{\sigma+1})) - \mathcal{J}(\hat{x}^*(\tau;t_\sigma), \hat{u}^*(\tau;t_\sigma))$$

$$\leqslant \mathcal{J}(\tilde{x}(\tau;t_{\sigma+1}), \tilde{u}(\tau;t_{\sigma+1})) - \mathcal{J}(\hat{x}^*(\tau;t_\sigma), \hat{u}^*(\tau;t_\sigma)) \tag{5-23}$$

然后构造如下函数：

$$\Delta\mathcal{J} = \mathcal{J}(\tilde{x}(\tau;t_{\sigma+1}), \tilde{u}(\tau;t_{\sigma+1})) - \mathcal{J}(\hat{x}^*(\tau;t_\sigma), \hat{u}^*(\tau;t_\sigma)) \tag{5-24}$$

经过计算可得

$$\Delta\mathcal{J} = \int_{t_{\sigma+1}}^{t_{\sigma+1}+T_p} \left(\|\tilde{x}(\tau;t_{\sigma+1})\|_Q^2 + \|\tilde{u}(\tau;t_{\sigma+1})\|_R^2 \right)\mathrm{d}\tau + \|\tilde{x}(t_{\sigma+1}+T_p;t_{\sigma+1})\|_P^2$$

$$- \|\hat{x}^*(t_\sigma+T_p;t_\sigma)\|_P^2 - \int_{t_\sigma}^{t_\sigma+T_p} \left(\|\hat{x}^*(\tau;t_\sigma)\|_Q^2 + \|\hat{u}^*(\tau;t_\sigma)\|_R^2 \right)\mathrm{d}\tau \tag{5-25}$$

根据引理 5-1 可得

$$\int_{t_\sigma+T_p}^{t_{\sigma+1}+T_p} \left(\|\tilde{x}(\tau;t_{\sigma+1})\|_Q^2 + \|\tilde{u}(\tau;t_{\sigma+1})\|_R^2 \right)\mathrm{d}\tau$$

$$\leqslant \|\tilde{x}(t_\sigma+T_p;t_{\sigma+1})\|_P^2 - \|\tilde{x}(t_{\sigma+1}+T_p;t_{\sigma+1})\|_P^2 \tag{5-26}$$

将式 (5-10) 和式 (5-26) 代入式 (5-25)，可得

$$\Delta\mathcal{J} = \Delta\mathcal{J}_1 + \Delta\mathcal{J}_2 + \Delta\mathcal{J}_3 \tag{5-27}$$

式中

$$\Delta\mathcal{J}_1 = \int_{t_{\sigma+1}}^{t_\sigma+T_p} \left(\|\tilde{x}(\tau;t_{\sigma+1})\|_Q^2 - \|\hat{x}^*(\tau;t_\sigma)\|_Q^2 \right)\mathrm{d}\tau \tag{5-28}$$

$$\Delta\mathcal{J}_2 = \|\tilde{x}(t_\sigma+T_p;t_{\sigma+1})\|_P^2 - \|\hat{x}^*(t_\sigma+T_p;t_\sigma)\|_P^2 \tag{5-29}$$

$$\Delta\mathcal{J}_3 = -\int_{t_\sigma}^{t_{\sigma+1}} \left(\|\hat{x}^*(\tau;t_\sigma)\|_Q^2 + \|\hat{u}^*(\tau;t_\sigma)\|_R^2 \right)\mathrm{d}\tau \tag{5-30}$$

对于 $\Delta\mathcal{J}_1$，当 $\tau \in [t_{\sigma+1}, t_\sigma + T_p]$ 时，根据式 (5-3)，$\|\hat{x}^*(\tau; t_\sigma)\|$ 的最大值为 $\dfrac{T_p\epsilon}{\mu T_p}$。应用 Holder 不等式，可得

$$
\begin{aligned}
\Delta\mathcal{J}_1 \leqslant{} & \lambda_{\max}(Q) \int_{t_{\sigma+1}}^{t_\sigma + T_p} \|\tilde{x}(\tau; t_{\sigma+1}) - \hat{x}^*(\tau; t_\sigma)\|^2 \, \mathrm{d}\tau \\
& + 2\lambda_{\max}(Q) \int_{t_{\sigma+1}}^{t_\sigma + T_p} \|\tilde{x}(\tau; t_{\sigma+1}) - \hat{x}^*(\tau; t_\sigma)\| \cdot \max_\tau \|\hat{x}^*(\tau; t_\sigma)\| \, \mathrm{d}\tau \\
\leqslant{} & \lambda_{\max}(Q)(T_p - \mu T_p)\phi\delta^{\|\mathcal{A}\|T_p}\left(\phi\delta^{\|\mathcal{A}\|T_p} + \frac{2T_p\epsilon}{\mu T_p}\right)
\end{aligned}
\tag{5-31}
$$

对于 $\Delta\mathcal{J}_2$，可得

$$
\begin{aligned}
\mathcal{J}_2 \leqslant{} & \lambda_{\max}(P)\left(\|\tilde{x}(t_\sigma + T_p; t_{\sigma+1}) - \hat{x}^*(t_\sigma + T_p; t_\sigma)\|\right)\left(\|\tilde{x}(t_\sigma + T_p; t_{\sigma+1})\|\right. \\
& \left. + \|\hat{x}^*(t_\sigma + T_p; t_\sigma)\|\right) \leqslant \lambda_{\max}(P)(r + \epsilon)\phi\delta^{\|A\|T_p}
\end{aligned}
\tag{5-32}
$$

因为，初始状态 $x(t_0) \in \mathcal{X}\backslash\Omega(\epsilon)$，所以

$$
\Delta\mathcal{J}_3 \leqslant -\int_{t_\sigma}^{t_{\sigma+1}} \|\hat{x}^*(\tau; t_\sigma)\|_Q^2 \, \mathrm{d}\tau \leqslant -\lambda_{\min}(Q)\mu T_p\epsilon^2
\tag{5-33}
$$

为了使系统状态稳定，需要保证 Lyapunov 函数递减，即 $\Delta\mathcal{J} \leqslant 0$。因此，可得以下条件：

$$
\begin{aligned}
& \lambda_{\max}(Q)(T_p - \mu T_p)\phi\delta^{\|A\|T_p}\left(\phi\delta^{\|A\|T_p} + \frac{2T_p\epsilon}{\mu T_p}\right) \\
& + \lambda_{\max}(P)(r + \epsilon)\phi\delta^{\|A\|T_p} - \lambda_{\min}(Q)\mu T_p\epsilon^2 \leqslant 0
\end{aligned}
\tag{5-34}
$$

综上所述，当系统初始状态不在终端域 $\Omega(\epsilon)$ 内时，其最终状态将在有限时间内收敛到终端域 $\Omega(\epsilon)$ 内。

接下来，将证明系统初始状态在终端域 $\Omega(\epsilon)$ 内时，系统状态最终将收敛到更小的鲁棒 $\Omega(\epsilon_f)$ 内。

由于 $x(t_0) \in \Omega(\epsilon)$，$\Delta\mathcal{J}_1$ 会变成如下的形式：

$$
\begin{aligned}
\Delta\mathcal{J}_1 \leqslant{} & \int_{t_{\sigma+1}}^{t_\sigma + T_p} \left(\|\tilde{x}(\tau; t_{\sigma+1}) - \hat{x}^*(\tau; t_\sigma)\|_Q\right)\left(\|\tilde{x}(\tau; t_{\sigma+1})\|_Q + \|\hat{x}^*(\tau; t_\sigma)\|_Q\right) \mathrm{d}\tau \\
\leqslant{} & 2\lambda_{\max}(Q)(T_p - \mu T_p)\epsilon\phi\delta^{\|A\|T_p}
\end{aligned}
\tag{5-35}
$$

由式 (5-32) 可知，$\Delta\mathcal{J}_2$ 不受初始状态的影响，因此，$\Delta\mathcal{J}_2 \leqslant \lambda_{\max}(P)(r + \epsilon)\phi\delta^{\|\mathcal{A}\|T_p}$ 仍成立。

根据触发条件式 (5-5) 和引理 5-1，可以得到 $\Delta\mathcal{J}_3$ 为

$$\Delta\mathcal{J}_3 \leqslant -\mu T_p \lambda_{\min}(Q) \left\| \hat{x}^* \left(t_{\sigma+1}; t_\sigma \right) \right\|^2$$

$$\leqslant -\mu T_p \lambda_{\min}(Q) \left(\left\| \left(t_{\sigma+1} \right) \right\|^2 - \left(\frac{\phi}{2} \delta^{\|\mathcal{A}\|T_p} \right)^2 \right)$$

$$\leqslant -\mu T_p \lambda_{\min}(Q) \left(\left\| \left(t_{\sigma+1} \right) \right\|^2 - \frac{\phi^2}{4} \delta^{2\|\mathcal{A}\|T_p} \right) \tag{5-36}$$

结合式 (5-35)、式 (5-32) 和式 (5-36)，可得

$$\Delta\mathcal{J} \leqslant 2\lambda_{\max}(Q) \left(T_p - \mu T_p \right) \epsilon\phi\delta^{\|A\|T_p}$$

$$+ \lambda_{\max}(P)(r + \epsilon)\phi\delta^{\|A\|T_p} - \mu T_p \lambda_{\min}(Q)$$

$$\cdot \left(\left\| x \left(t_{\sigma+1} \right) \right\|^2 - \frac{\phi^2}{4} \delta^{2\|\mathcal{A}\|T_p} \right) \tag{5-37}$$

这意味着系统状态将收敛到更小的鲁棒终端域 $\Omega(\epsilon_f)$，其中集合定义如下：

$$\epsilon_f = \left(\frac{2\lambda_{\max}(Q)(T_p - \mu T_p)\epsilon\phi\delta^{\|A\|T_p}}{\mu T_p \lambda_{\min}(Q)} + \frac{\phi^2}{4}\delta^{2\|\mathcal{A}\|T_p} + \frac{\lambda_{\max}(P)}{\mu T_p \lambda_{\min}(Q)}(r+\epsilon)\phi\delta^{\|\mathcal{A}\|T_p} \right)^{1/2}$$

通过对这两种情况的讨论，完成了系统稳定性的证明。 □

5.3.3 网络安全分析

网络通道遭受 DoS 攻击时系统的控制过程如图 5-2所示。

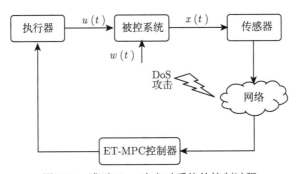

图 5-2　遭受 Dos 攻击时系统的控制过程

DoS 攻击是指攻击者恶意占用网络通道或通信资源，使网络传输间歇性中断一段时间 d_t 的网络攻击。因此，事件触发机制在解决 DoS 问题方面具有天然的

优势，因为它的采样瞬间本身具有正的时间间隔。假设 DoS 攻击者的攻击资源是有限的，攻击持续时间不超过预测范围是必要的和合理的。在这样的前提下，关于 DoS 攻击的定理如下。

定理 5-3　给定具有触发阈值的控制框架 $\phi = \dfrac{2\beta\,\|\mathcal{D}\|}{\|\mathcal{A}\|}\delta^{\|\mathcal{A}\|\mu T_p}$，系统遭受 DoS 攻击后能够保持稳定的最长时间为 $\bar{d}_t = \mu T_p$。

证明　根据对下个触发时刻的定义，有

$$\|\delta\left(\tau;t_\sigma\right)\| - \|\delta\left(\tau-1;t_\sigma\right)\|$$

$$= \|x\left(t_\sigma\right)\delta^{\mathcal{A}(\tau-t_\sigma)} + \int_{t_\sigma}^{\tau}\left(\mathcal{B}\hat{u}^*(\theta)\delta^{\mathcal{A}(\tau-\theta)} + \mathcal{D}w(\theta)\right)\mathrm{d}\theta - \hat{x}^*\left(t_\sigma;t_\sigma\right)\delta^{\mathcal{A}(\tau-t_\sigma)}$$

$$- \int_{t_\sigma}^{\tau}\mathcal{B}\hat{u}^*(\theta)\delta^{\mathcal{A}(\tau-\theta)}\mathrm{d}\theta\| - \|x\left(t_\sigma\right)\delta^{\mathcal{A}(\tau-1-t_\sigma)}$$

$$+ \int_{t_\sigma}^{\tau-1}\left((\mathcal{B}\hat{u}^*(\theta) + \mathcal{D}w(\theta))\delta^{\mathcal{A}(r-1-\theta)}\right)\mathrm{d}\theta - \hat{x}^*\left(t_\sigma;t_\sigma\right)\delta^{\mathcal{A}(\tau-1-t_\sigma)}$$

$$- \int_{t_\sigma}^{\tau-1}\left(\mathcal{B}\hat{u}^*(\theta)\delta^{\mathcal{A}(\tau-1-\theta)}\right)\mathrm{d}\theta\| \leqslant \left\|\int_{t_\sigma}^{\tau}\left(\mathcal{D}w(s)\delta^{\mathcal{A}(\tau-\theta)}\right)\mathrm{d}\theta\right\|$$

$$+ \left\|\int_{t_\sigma}^{\tau-1}\left(\mathcal{D}w(s)\delta^{\mathcal{A}(\tau-1-\theta)}\right)\mathrm{d}\theta\right\|$$

$$= \frac{\beta\|\mathcal{D}\|}{\|\mathcal{A}\|}\delta^{\|\mathcal{A}\|(\tau-t_\sigma)} - 2\frac{\beta\|\mathcal{D}\|}{\|\mathcal{A}\|} + \frac{\beta\|\mathcal{D}\|}{\|\mathcal{A}\|}\delta^{\|\mathcal{A}\|(r-1-t_\sigma)}$$

$$\leqslant \frac{2\beta\|\mathcal{D}\|}{\|\mathcal{A}\|}\delta^{\|\mathcal{A}\|(\tau-t_\sigma)} \tag{5-38}$$

结合触发阈值 ϕ，可得 $\mu T_p \leqslant \tau - t_\sigma$。这意味着在保证系统状态稳定的前提下，可遭受 DoS 攻击最大时间间隔 $\bar{d}_t$ 为 μT_p。　　　　　　　　□

5.4　仿 真 验 证

在本节，将使用线性化处理后的质量–弹簧–阻尼器系统对算法 5-1 的有效性进行验证，线性化后质量–弹簧–阻尼器系统方程可描述为

$$\dot{x}(t) = \begin{bmatrix} 0 & 1 \\ -\dfrac{\kappa}{M_c} & -\dfrac{h_d}{M_c} \end{bmatrix} x(t) + \begin{bmatrix} 0 \\ \dfrac{1}{M_c} \end{bmatrix} u(t) + w(t) \tag{5-39}$$

式中，$x(t) = [x_1(t); x_2(t)]$，其中 $x_1(t)$、$x_2(t)$ 分别表示质量块的位移和速度；$u(t)$ 表示控制输入。质量块质量为 $M_c = 1.5\mathrm{kg}$，弹簧的弹性系数 $\kappa = 0.25\,\mathrm{N \cdot m^{-1}}$，阻尼

系数 $h_{\rm d} = 0.42\,{\rm N\cdot s\cdot m^{-1}}$。控制输入满足约束 $u(t) \in [-2{\rm N}, 2{\rm N}]$，状态约束 $-1\,{\rm m} \leqslant x_1 \leqslant 1\,{\rm m}$，$-1\,{\rm m\cdot s^{-1}} \leqslant x_2 \leqslant 1{\rm m\cdot s^{-1}}$。选取初始位置 $x(t_0) = [0.5\,{\rm m}, 0.75\,{\rm m\cdot s^{-1}}]^{\rm T}$，预测时域 $T_p = 3.5{\rm s}$，采样时间间隔为 $0.05{\rm s}$，整个仿真时间设为 $16{\rm s}$。由定理 5-1 获得扰动的上界 $||w|| \leqslant 1.2 \times 10^{-4}$，$\mu = 0.4$；由引理 5-1 选取权重矩阵 $Q = [2, 0; 0, 2]$，$R = 0.2$；根据假设 5-1 确定局部状态反馈矩阵 $\mathcal{K} = [-0.8458\ -1.8645]$ 和权重矩阵 $P = [1.6136\ 0.7430; 0.7430\ 1.5040]$；通过式 (5-5) 计算获得鲁棒终端域的半径 $\epsilon = 0.42$，触发阈值 $\phi = 2.3453 \times 10^{-3}$。

在相同参数条件下，将算法 5-1 的控制效果与周期 MPC 算法及 ET-MPC 算法 [69] 的控制效果进行对比。图 5-3 和图 5-4 分别描述了不同算法下系统式 (5-39) 位移和速度的对比，其中触发时刻和切换时刻分别表示 OCP 求解的瞬间和系统状态进入终端域的时刻。从图中可得，三种控制机制下系统状态都趋于稳定且满足状态约束，但值得注意的是在整个控制过程中，算法 5-1 控制下系统仅需求解 9 次 OCP。此外，图 5-5 描述了不同算法下的控制输入对比，从图中可得，三种算法产生的控制输入都满足控制约束。

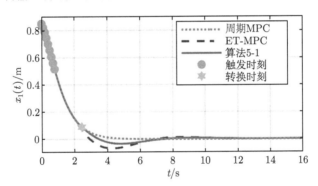

图 5-3　不同算法下系统式 (5-39) 位移对比

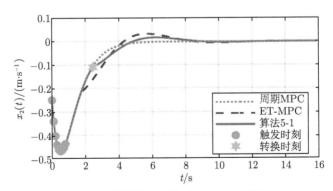

图 5-4　不同算法下系统式 (5-39) 速度对比

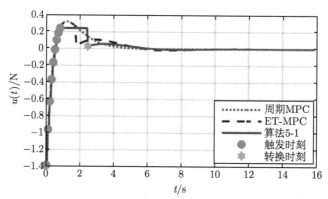

图 5-5　不同算法下系统式 (5-39) 控制输入对比

　　为了进一步地说明算法 5-1 在减少资源消耗方面的优势，表 5-1 展示了周期 MPC 算法、ET-MPC 算法和算法 5-1 的触发次数。结果表明，算法 5-1 的优化次数比周期 MPC 算法少 97.2%，比 ET-MPC 算法少 74.3%，说明本章提出的 ET-MPC 算法在减少计算量和保持系统稳定性方面取得了良好的平衡。

表 5-1　不同算法下系统式 (5-39) 触发次数对比

算法	触发次数	提升效果
周期 MPC	320	—
ET-MPC	35	89.1%
算法 5-1	9	97.2%(74.3%)

　　为验证算法 5-1 的弹性控制性能，图 5-6 和图 5-7 比较了周期 MPC 算法和算法 5-1 在四次 DoS 攻击下的状态性能，其中，每次攻击持续时间为 1s（最大攻击时间 $\bar{d}_t$ =1.4s）。通过仿真结果可以发现，该方法控制下的系统状态可以快速收敛并保

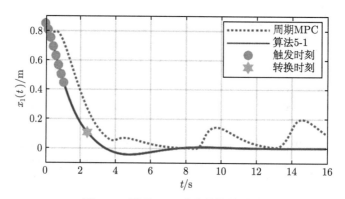

图 5-6　遭受 Dos 攻击的位移对比

持稳定，而周期 MPC 算法控制下的系统状态趋于发散。由此可以推断，本章开发的基于"双模"控制 ET-MPC 算法可以有效抵御 DoS 攻击，并且可以通过调整定理 5-3 中关键控制参数而调整被控系统能遭受 DoS 攻击的最大持续时间。

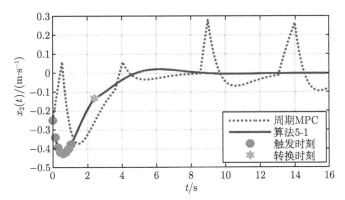

图 5-7　遭受 DoS 攻击的系统式 (5-39) 速度对比

5.5　本章小结

本章在考虑 DoS 攻击的网络控制环境下，针对具有输入约束和状态约束以及附加扰动的线性系统，提出了一种基于相邻时刻误差变化的 ET-MPC 方法。触发条件由两个相邻采样区间的实际状态和最优预测状态的误差梯度决定，在保持稳定控制性能的同时可减少计算资源消耗。随后，对所考虑系统的避免芝诺效应的特性、算法可行性和闭环系统的稳定性进行了理论研究，并通过严格的理论证明给出了保证三项特性的充分条件。此外，为抵御 DoS 攻击，本章进一步分析了系统在遭受 DoS 攻击后能够保持稳定的最长时间。最后，通过仿真对比实验验证了所提方法的有效性。

第 6 章　FDI 攻击下非线性系统输入重构弹性事件触发预测控制

考虑到 FDI 攻击是在网络层修改传输的数据，使被攻击系统的性能显著下降，所以 FDI 攻击相比 DoS 攻击更加危险和复杂 [16,17]。本章开发了可抵御 FDI 攻击的基于输入重构弹性 ET-MPC 方法。具体而言，考虑 CPS 在信号传输时容易遭受 FDI 攻击，提出了基于 ZOH 的输入重构方法，即当检测到 FDI 攻击存在时，执行器采用重构的控制输入控制系统以保证系统性能。基于此思路，本章首先根据基于事件触发离散采样特征和 FDI 攻击模型设计输入重构机制。其次，基于输入重构机制设计事件触发机制，以保证仅当实际状态与预测状态误差达到触发阈值时，控制器才求解 OCP。最后，对所提弹性 ET-MPC 方法的可行性、闭环系统稳定性以及芝诺效应进行了理论分析。

6.1　问 题 描 述

6.1.1　系统描述

考虑如下非线性仿射系统：

$$\dot{x} = \phi(x,u) = f(x) + g(x)u \tag{6-1}$$

其中，$x \in \mathbb{R}^n$，$u \in \mathbb{R}^m$，分别表示系统的状态轨迹和控制输入。

假设 6-1　系统模型方程 $\phi(x,u) : \mathbb{R}^n \times \mathbb{R}^m \to \mathbb{R}^n$ 对 $x \in \mathbb{R}^n$ Lipschitz 连续，且存在 Lipschitz 常数 L_ϕ。此外，$\|g(s)\|$ 存在上界且为 L_G。

引理 6-1　对于系统式（6-1），假设 6-1 成立，对于 $R > 0$，$Q > 0$ 两个矩阵，存在局部状态反馈控制器 $K(x)$，常数 $\varepsilon > 0$ 以及矩阵 $P > 0$ 能够使：

（1）系统 $\dot{x} = f(x) + g(x)K(x)$，集合 $\Omega_{(\varepsilon)} \triangleq \{x(s) : V(x(s)) \leqslant \varepsilon^2\}$ 为不变集；

（2）$\dot{V}(x(s))\big|_{\dot{x}=f(x)+g(x)K(x)} \leqslant -\|x(s)\|_{Q^*}^2$，且 $K(x(s)) \in \mathcal{U}$，$\forall x(s) \in \Omega_{(\varepsilon)}$，其中 $V(x(s)) = \|x(s)\|_P^2$，Q^* 为一个定矩阵。

6.1.2 FDI 攻击建模

通过建立 FDI 攻击模型，可以分析攻击对系统的控制效果、运行稳定性等方面的影响，以便设计出容忍度更高的弹性控制方法。因此，本节对 FDI 攻击模型进行了构建。如图 6-1 所示，FDI 攻击者在控制系统中可以对 S-C 或 C-A 网络传输通道进行攻击，从而导致网络间的通信传输故障。本章考虑 C-A 网络通道遭受 FDI 攻击的情况，即控制器发出的最优控制输入 $u^*(s)$ 被攻击者恶意篡改的情况。

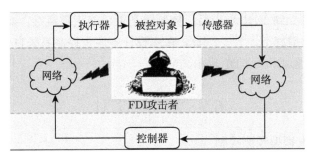

图 6-1 控制系统中 FDI 攻击的位置

首先设置 Γ_k, $k \in \mathbb{N}$ 表示 FDI 攻击启动的时刻，并将 FDI 攻击的执行时间表示为 ϖ_k，且 $\varpi_k \leqslant \Gamma_{k+1} - \Gamma_k$。因此，所有 FDI 攻击的激活时间可以定义为

$$\Theta(\Gamma_k, \varpi_k) \triangleq [\Gamma_k, \Gamma_k + \varpi_k] \tag{6-2}$$

接下来，引入一个指标变量 a_{sl}, $sl \in \mathbb{N}$ 来表示攻击是否有效。

$$a_{sl} = \begin{cases} 1, sl \in \Theta(\Gamma_k, \varpi_k) \\ 0, sl \notin \Theta(\Gamma_k, \varpi_k) \end{cases} \tag{6-3}$$

进一步，实际系统中的控制输入 $u_f(s)$ 可以定义为

$$u_f(s) = a_{sl}u_a(s) + (1 - a_{sl})u^*(s|s_l), \quad s \in [s_l, s_{l+1}] \tag{6-4}$$

其中，$u_a(s) \in \mathbb{R}^m$ 是通过网络漏洞被 FDI 攻击恶意篡改的控制输入。当 $a_{sl} = 1$ 时表示该时刻的控制输入已被篡改为 $u_a(s)$，反之未被篡改。因此，被攻击的系统模型描述如下：

$$\dot{x}_f(s) = \phi(x_f(s), u_f(s)) = f(x_f(s)) + g(x_f(s))u_f(s) \tag{6-5}$$

其中，$u_f(s) \in \mathbb{R}^m$，为 FDI 攻击下的控制输入；$x_f(s) \in \mathbb{R}^n$，为 $u_f(s)$ 控制下系统的状态。

如果将上述被篡改后的控制输入 $u_a(s)$ 直接应用于控制系统，那么系统将无法正常运行，甚至可能引发严重的安全事故。为了使控制系统正常运行并保证相应的性能，一种有效的方法是对全部的最优控制输入 $u^*(s)$ 进行重点的保护，即保证传输的控制输入不被篡改。然而，若对所有控制输入都采取重点的保护，将占用控制系统大量的保护资源，甚至会导致系统原有控制方法的优势无法体现[139]。在此基础上，非常有必要开发一种弹性控制方法，仅需要对有限数量的控制样本进行重点保护，就可防御 FDI 攻击。需要注意的是，在弹性控制方法的研究中，重点是在系统遭受到 FDI 攻击后，控制器是否仍能正常运行，而无需采取隔离、停机检查等附加措施[101,140]。因此，在本设计中假定控制系统自带的检测元件可以检测到 C-A 通道中的 FDI 攻击。

6.2　算 法 设 计

6.2.1　事件触发模型预测控制

引入事件触发机制前，将序列 $\{t_k\}$，$t_k\,(k \in \mathbb{N})$ 定义为 OCP 的求解时刻，并定义如下代价函数：

$$
\begin{aligned}
J\left(\hat{x}\left(s \mid t_k\right), \hat{u}\left(s \mid t_k\right)\right) &\triangleq \int_{t_k}^{t_k+T} F(\hat{x}(s), \hat{u}(s))\mathrm{d}s + V_f\left(\hat{x}\left(t_k + T\right)\right) \\
&= \int_{t_k}^{t_k+T} \|\hat{x}\left(s \mid t_k\right)\|_Q^2 + \|\hat{u}\left(s \mid t_k\right)\|_R^2\,\mathrm{d}s + \|\hat{x}\left(t_k + T \mid t_k\right)\|_P^2
\end{aligned}
$$

$$(6\text{-}6)$$

其中，$\hat{x}(s|t_k)$ 为系统的预测状态且满足 $\dot{\hat{x}}(s|t_k) = f(\hat{x}(s|t_k)) + g(\hat{x}(s|t_k))$ $\hat{u}(s|t_k)$，$s \in [t_k, t_k+T]$；$\hat{u}(s|t_k)$ 为预测控制输入，权重矩阵 $R > 0$，$P > 0$，$Q > 0$；T 代表预测时域。待求解的 OCP 可描述为

$$
u^*\left(s \mid t_k\right) = \min_{\hat{u}(s|t_k)} J\left(\hat{x}\left(s \mid t_k\right), \hat{u}\left(s \mid t_k\right)\right) \tag{6-7}
$$

　　s.t.

$$
\dot{\hat{x}} = \phi(\hat{x}, \hat{u}), s \in [t_k, t_k + T]
$$

$$
\hat{u}\left(s \mid t_k\right) \in \mathcal{U}
$$

$$
\hat{x}\left(t_k + T \mid t_k\right) \in \Omega_{(\varepsilon_f)}
$$

其中，$\varepsilon_f = \alpha\varepsilon$，$\alpha \in (0,1)$ 为收缩率；$u^*(s|t_k)$ 表示最优控制输入，有 $\dot{x}^*(s|t_k) = \phi(x^*(s|t_k)+u^*(s|t_k))$，其中 $x^*(s|t_k)$ 为对应的最优状态轨迹，其中 $s \in [t_k, t_k+T]$。

系统控制输入的约束设计为 $\mathcal{U}=\{u(s)\in\mathbb{R}^m:\|u(s)\|\leqslant u_{\max},\|\dot{u}(s)\|\leqslant k_u\}$，其中 k_u 表示控制量变化率的极限。

接下来，将事件触发机制嵌入周期 MPC 算法中。系统遭遇 FDI 攻击后会导致实际状态轨迹 $x(s|t_k)$ 与最优状态轨迹 $x^*(s|t_k)$ 出现偏差，因此基于两者之间的偏差设计候选触发时刻 $\bar{t}_{k+1}$ 如下：

$$\bar{t}_{k+1}\triangleq\inf\{s:\|x^*(s|t_k)-x(s|t_k)\|_P=\sigma\} \tag{6-8}$$

其中，触发阈值 $\sigma=\dfrac{1}{2i}L_G\bar{\lambda}(\sqrt{p})k_uT^2\mathrm{e}^{L_\phi\beta T}$，$\beta\in(0,1)$ 是一个常数。基于触发时刻 t_k 和候选触发时刻 $\bar{t}_{k+1}$，下一触发时刻 t_{k+1} 可以表示为

$$t_{k+1}=\min\{\bar{t}_{k+1},t_k+T\} \tag{6-9}$$

基于以上描述，控制系统仅在达到触发条件式（6-8）时才求解 OCP 并传输控制样本，否则一直采用当前时刻获得的最优控制输入。

6.2.2 输入重构机制设计

本小节提出了一种基于 ZOH 的输入重构机制，即系统通过重点保护一定数量的控制样本来重构控制输入，从而提供了一个额外的自由度来平衡 MPC 系统的通信带宽需求和相应的闭环性能之间的矛盾。具体来讲，将 ET-MPC 控制器求解 OCP 获得的最优控制输入轨迹离散成多个控制输入样本，系统对这些控制样本进行重点保护以确保不被恶意篡改，当系统检测到 FDI 攻击存在时，执行器以 ZOH 的方式依次应用这些被保护的控制样本。如图 6-2 所示，黑线表示最优控制输入，灰线表示系统检测到 FDI 攻击时所应用的重构控制输入。具体来讲，预测时域 T 被等分为 $i(i\in\mathbb{N}_+)$ 个 ZOH 间隔，δ_i 定义为采样间隔，即 $\delta_i=T/i$。

为了便于表示，采样时刻表示为

$$\Delta_i\triangleq t_k+\sum_{m=1}^{i}\delta_{m-1} \tag{6-10}$$

其中，定义 $\Delta_1=t_k$。进一步，系统重点保护的控制样本包 U^* 定义为

$$U^*=\{u^*(\Delta_1|t_k),u^*(\Delta_2|t_k),\cdots,u^*(\Delta_i|t_k)\} \tag{6-11}$$

通过上述描述，基于多样本 ZOH 重构的控制输入 $u_i'(s)$ 可以表示为如下分段函数：

$$u_i'(s) = \begin{cases} u^*\left(\Delta_1 \mid t_k\right), & s \in [\Delta_1, \Delta_2) \\ u^*\left(\Delta_2 \mid t_k\right), & s \in [\Delta_2, \Delta_3) \\ \quad\quad\quad \vdots \\ u^*\left(\Delta_i \mid t_k\right), & s \in [\Delta_i, t_k + T) \end{cases} \tag{6-12}$$

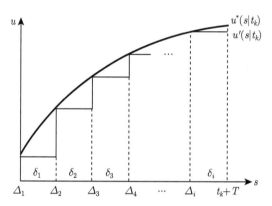

图 6-2　输入重构控制输入与最优控制输入示意图

需要注意的是，只有当控制系统检测到 FDI 攻击存在时，执行端才采用重构的控制输入 $u_i'(s)$；若系统中未检测到 FDI 攻击，执行器则依旧采用求解 OCP 得到的最优控制输入 $u^*(s|t_k)$。

6.2.3　弹性事件触发模型预测控制算法设计

为确保所设计的事件触发机制不会在有限时间内发生无限次触发，即避免发生芝诺效应，需要对触发间隔进行分析，进而证明其下界的存在。

定理 6-1　对于式（6-1）中的系统，如果事件触发的时间序列 $\{t_k\}$, $t_k\,(k \in \mathbb{N})$ 由式（6-9）生成，则触发间隔的下界为 $\inf_{k \in \mathbb{N}}\{t_{k+1} - t_k\} \geqslant \beta T$，上界为 $\sup_{k \in \mathbb{N}}\{t_{k+1} - t_k\} \leqslant T$。

证明　执行间隔的上界直接可由式（6-9）得到。为了证明执行间隔存在下界，考虑在 t_k, $k \in \mathbb{N}$ 时刻的最优状态轨迹 $x^*(s|t_k)$ 和实际状态轨迹 $x(s|t_k)$ 的误差 $\|x^*(s|t_k) - x(s|t_k)\|_P$。首先，由式（6-1）可以分别得到系统的最优状态和实际状态：

$$x^*\left(s \mid t_k\right) = x^*\left(t_k\right) + \int_{t_k}^{s} \phi\left(x^*\left(\tau\right), u^*\left(\tau\right)\right)\mathrm{d}\tau \tag{6-13}$$

$$x\left(s\left|t_k\right.\right) = x\left(t_k\right) + \int_{t_k}^{s} \phi\left(x\left(\tau\right), u_i'\left(\tau\right)\right)\mathrm{d}\tau \tag{6-14}$$

根据式（6-13）和式（6-14），最优状态轨迹 $x^*\left(s\left|t_k\right.\right)$ 和实际状态轨迹 $x\left(s\left|t_k\right.\right)$ 之间的偏差可以计算如下：

$$\left\|x^*\left(s\mid t_k\right) - x_i\left(s\mid t_k\right)\right\|_P$$

$$\leqslant \int_{t_k}^{s} L_\phi \left\|x^*\left(\tau\right) - x_i\left(\tau\right)\right\|_P \mathrm{d}\tau + L_G\bar{\lambda}(\sqrt{P})\left\|\int_{t_k}^{s}\left[u^*\left(\tau\right) - u_i'\left(\tau\right)\right]\mathrm{d}\tau\right\|$$

$$\leqslant \int_{t_k}^{s} L_\phi \left\|x^*\left(\tau\right) - x_i\left(\tau\right)\right\|_P \mathrm{d}\tau$$

$$+ L_G\bar{\lambda}(\sqrt{P})\left\|\int_{t_k}^{\Delta_2}\left[u^*\left(\tau\right) - u^*\left(t_k\mid t_k\right)\right]\mathrm{d}\tau + \int_{\Delta_2}^{\Delta_3}\left[u^*\left(\tau\right) - u^*\left(\Delta_2\mid t_k\right)\right]\mathrm{d}\tau + \cdots\right.$$

$$\left. + \int_{\Delta_i}^{t_k+T}\left[u^*\left(\tau\right) - u^*\left(\Delta_i\mid t_k\right)\right]\mathrm{d}\tau\right\|$$

$$\leqslant \int_{t_k}^{s} L_\phi \left\|x^*\left(\tau\right) - x_i\left(\tau\right)\right\|_P \mathrm{d}\tau + \frac{1}{2}L_G\bar{\lambda}(\sqrt{P})k_u\left(\delta_1^2 + \delta_2^2 + \cdots + \delta_i^2\right) \tag{6-15}$$

又因为 $\delta_i = T/i$，由 Gronwall-Bellman 不等式可以推导得到：

$$\left\|x^*\left(s\left|t_k\right.\right) - x_i\left(s\left|t_k\right.\right)\right\|_P \leqslant \frac{1}{2}L_G\bar{\lambda}\left(\sqrt{P}\right)k_u\left(\delta_1^2 + \delta_2^2 + \cdots + \delta_i^2\right)\mathrm{e}^{L_\phi(s-t_k)}$$

$$\leqslant \frac{1}{2i}L_G\bar{\lambda}\left(\sqrt{P}\right)k_uT^2\mathrm{e}^{L_\phi(s-t_k)} \tag{6-16}$$

根据式（6-8），可得 $\bar{t}_{k+1} \geqslant t_k + \beta T$。代入式（6-9），可以转化为 $\inf_{k\in\mathbb{N}}\{t_{k+1} - t_k\} \geqslant \beta T$。至此，定理 6-1 得证。 $\qquad\square$

　　根据引理 6-1 可以得到当 $x\left(s\right) \in \Omega_{(\varepsilon)}$ 时，如果控制输入为 $u\left(s\right) = Kx\left(s\right)$，则系统式（6-1）趋于稳定，且满足控制输入的约束。因此，本章依然采用"双模"控制方法，即若系统状态进入区域 $\Omega_{(\varepsilon)}$，执行器采用局部状态反馈控制器 $K(x\left(s\right))$ 作为控制输入，而不再求解 OCP。因此，基于输入重构的弹性 ET-MPC 算法控制过程见算法 6-1。

算法 6-1：基于输入重构的弹性 ET-MPC 算法

1: while $x(t_k) \notin \Omega_{(\varepsilon)}$ do
2:　　if $k = 0$ then
3:　　　　求解 OCP；
4:　　　　对控制样本包 $U' = \{u^*(\Delta_1|t_k), u^*(\Delta_2|t_k), \cdots, u^*(\Delta_i|t_k)\}$ 进行重点保护；
5:　　end if
6: while 式（6-8）没有被触发 do
7:　　if 系统未检测到 FDI 攻击 then
8:　　　　应用控制输入 $u^*(s|t_k)$；
9:　　else if 系统检测到 FDI 攻击 then
10:　　　　依次按 ZOH 方式应用重构的控制输入 $u'_i(s)$；
11:　　end if
12: end while
13: $k = k + 1$；
14: end while
15: 应用反馈控制律 $\kappa(x)$。

6.3　理 论 分 析

6.3.1　迭代可行性分析

当优化控制问题在 $t_k, k \in \mathbb{N}$ 被触发时，为了确保至少存在一个满足式（6-7）约束条件的解，需要对算法 6-1 进行可行性分析。采用归纳法原理来证明其可行性，首先给出以下标准假设：

假设 6-2　对于初始状态为 x_0 的系统式（6-1），假设存在预测时域 T，使 OCP 在 $t_k = 0$ 处有解。

假定优化控制问题在 t_k 时刻是可行的，那么在 t_{k+1} 时刻构造一个可行的控制输入 $\bar{u}(s|t_{k+1})$ 如下：

$$\bar{u}(s \mid t_{k+1}) = \begin{cases} u^*(s \mid t_k), & s \in [t_{k+1}, t_k + T] \\ K(\bar{x}(s \mid t_{k+1})), & s \in [t_k + T, t_{k+1} + T] \end{cases} \tag{6-17}$$

其中，$\bar{x}(s|t_{k+1})$ 表示 $\bar{u}(s|t_{k+1})$ 下的预测状态。t_k 时刻的最优控制输入与 t_{k+1} 时刻的可行控制输入之间的关系如图 6-3 所示。

定理 6-2　对于系统式（6-1），假设 6-1 和假设 6-2 成立，如果预测时域 T 满足 $T \geqslant -2\dfrac{\bar{\lambda}(P)}{\underline{\lambda}(Q^*)}\ln\alpha$ 并且满足条件 $g(\beta) \leqslant 0$，其中 $g(\beta) = \sigma \mathrm{e}^{L_\phi(T-\beta T)} - (1-\alpha)\varepsilon$，则算法 6-1 迭代可行。

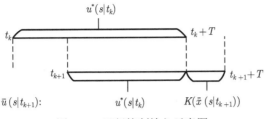

图 6-3 可行控制输入示意图

证明 （1）对于终端约束 $\bar{x}(t_{k+1}+T\mid t_{k+1})\in\Omega_{(\varepsilon_f)}$，当 $s\in[t_{k+1},t_k+T]$，考虑 $\|\bar{x}(s\mid t_{k+1})-x^*(s\mid t_k)\|_P$，因为 $\|x^*(t_{k+1}\mid t_k)-\bar{x}(t_{k+1})\|_P=\sigma$，由三角不等式可以得到 $\|\bar{x}(s\mid t_{k+1})-x^*(s\mid t_k)\|_P\leqslant\sigma+L_\phi\int_{t_{k+1}}^{s}\|\bar{x}(\tau\mid t_{k+1})-x^*(\tau\mid t_k)\|_P\,\mathrm{d}\tau\leqslant\sigma\mathrm{e}^{L_\phi(s-t_{k+1})}$。令 $s=t_k+T$，根据 Gronwall-Bellman 不等式推导得：$\|\bar{x}(t_k+T\mid t_{k+1})-x^*(t_k+T\mid t_k)\|_P\leqslant\sigma\mathrm{e}^{L_\phi(t_k+T-t_{k+1})}$。由于 $t_{k+1}-t_k\geqslant\beta T$ 且 $g(\beta)\leqslant0$，则 $\|\bar{x}(t_k+T\mid t_{k+1})\|_P\leqslant\varepsilon$。当 $s\in[t_k+T,t_{k+1}+T]$，通过引理 6-1 可以得到 $\dot{V}(\bar{x}(s\mid t_{k+1}))\leqslant-\|\bar{x}(s\mid t_{k+1})\|_{Q^*}^2$。然后应用比较原理可以推导出 $V(\bar{x}(s\mid t_{k+1}))\leqslant\varepsilon^2\mathrm{e}^{-\frac{\lambda(Q^*)}{\lambda(P)}(s-t_k-T)}$。令 $s=t_{k+1}+T$，有 $V(\bar{x}(t_{k+1}+T\mid t_{k+1}))\leqslant\varepsilon^2\mathrm{e}^{-\frac{\lambda(Q^*)}{\lambda(P)}(t_{k+1}-t_k)}$。因为 $t_{k+1}-t_k\geqslant\beta T$ 以及 $T\geqslant-2\dfrac{\underline{\lambda}(P)}{\underline{\lambda}(Q^*)}\ln\alpha$，可以得到 $V(\bar{x}(t_{k+1}+T\mid t_{k+1}))\leqslant\alpha^2\varepsilon^2=\varepsilon_f^2$。

（2）对于控制输入约束 $\bar{u}(s\mid t_{k+1})\in\mathcal{U}$，首先，当 $s\in[t_{k+1},t_k+T]$ 时，存在 $\bar{u}(s\mid t_{k+1})=u^*(s\mid t_k)\in\mathcal{U}$。当 $s\in[t_k+T,t_{k+1}+T]$ 时，基于引理 6-1 和 $\bar{x}(s\mid t_{k+1})\in\Omega_{(\varepsilon)}$，可以推导得到 $K(\bar{x}(s\mid t_{k+1}))\in\mathcal{U}$ 成立。算法 6-1 可行性证明完成。 $\qquad\square$

6.3.2 稳定性分析

基于输入重构的弹性 ET-MPC 算法在传统的 MPC 中引入了事件触发机制，因此需要对所控制的闭环系统的稳定性进行分析，从而确定算法的稳定性界限。关于算法 6-1 的稳定性结果由定理 6-3 给出。

定理 6-3 对于系统式（6-1），若假设 6-1 和假设 6-2 成立，且控制输入由算法 6-1 生成。如果满足定理 6-2 中的条件，且预测时域 T 和触发阈值 σ 被设计为满足以下条件：

$$\frac{\bar{\lambda}(Q)}{\underline{\lambda}(P)}\left[\sigma\mathrm{e}^{L_\phi(T-\beta T)}+2\alpha\varepsilon\right]\frac{\sigma\mathrm{e}^{L_\phi(T-\beta T)}-\sigma}{L_\phi}+(1+\alpha)\varepsilon\sigma\mathrm{e}^{L_\phi(T-\beta T)}\leqslant\frac{\lambda(Q)}{\bar{\lambda}(P)}\alpha^2\varepsilon^2\beta T$$

$$(6\text{-}18)$$

则系统的状态轨迹将在有限的时间内收敛到区域 $\Omega_{(\varepsilon)}$。

证明　令最优代价函数 $J^*(t_k)$ 为系统 Lyapunov 函数 $V(t_k)$，即

$$V(t_k) = J^*(t_k) = \min \bar{J}(t_k) \tag{6-19}$$

然后，在 t_k 和 t_{k+1} 时刻构造误差项可以得到：

$$\begin{aligned}
\Delta V &= V(t_{k+1}) - V(t_k) \leqslant \bar{J}(t_{k+1}) - J^*(t_k) \\
&= \int_{t_{k+1}}^{t_{k+1}+T} \left[\|\bar{x}(s \mid t_{k+1})\|_Q^2 + \|\bar{u}(s \mid t_{k+1})\|_R^2 \right] ds + \|\bar{x}(t_{k+1}+T \mid t_{k+1})\|_P^2 \\
&\quad - \int_{t_k}^{t_k+T} \left[\|x^*(s \mid t_k)\|_Q^2 + \|u^*(s \mid t_k)\|_R^2 \right] ds - \|x^*(t_k+T \mid t_k)\|_P^2
\end{aligned} \tag{6-20}$$

将 ΔV 展开为三个部分，即 $\Delta V = \Delta V_1 + \Delta V_2 + \Delta V_3$，每个部分分别为

$$\Delta V_1 = \int_{t_{k+1}}^{t_k+T} \left[\|\bar{x}(s \mid t_k)\|_Q^2 - \|x^*(s \mid t_k)\|_Q^2 \right] ds \tag{6-21}$$

$$\begin{aligned}
\Delta V_2 &= \int_{t_k+T}^{t_{k+1}+T} \left[\|\bar{x}(s \mid t_{k+1})\|_Q^2 + \|\bar{u}(s \mid t_{k+1})\|_R^2 \right] ds \\
&\quad + \|\bar{x}(t_{k+1}+T \mid t_{k+1})\|_P^2 - \|x^*(t_k+T \mid t_k)\|_P^2
\end{aligned} \tag{6-22}$$

$$\Delta V_3 = - \int_{t_k}^{t_{k+1}} \left[\|x^*(s \mid t_k)\|_Q^2 + \|u^*(s \mid t_k)\|_R^2 \right] ds \tag{6-23}$$

对第一部分 ΔV_1 做进一步推导：

$$\begin{aligned}
\Delta V_1 &\leqslant \int_{t_{k+1}}^{t_k+T} \left[\|\bar{x}(s \mid t_k)\|_Q + \|x^*(s \mid t_k)\|_Q \right] \left[\|\bar{x}(s \mid t_k)\|_Q - \|x^*(s \mid t_k)\|_Q \right] ds \\
&\leqslant \int_{t_{k+1}}^{t_k+T} \left[\|\bar{x}(s \mid t_k) - x^*(s \mid t_k)\|_Q^2 \right] ds \\
&\quad + 2 \int_{t_{k+1}}^{t_k+T} \left[\|\bar{x}(s \mid t_k) - x^*(s \mid t_k)\|_Q \cdot \|x^*(s \mid t_k)\|_Q \right] ds
\end{aligned} \tag{6-24}$$

当 $s \in [t_{k+1}, t_k+T]$，存在 $\|\bar{x}(s \mid t_{k+1}) - x^*(s \mid t_k)\|_P \leqslant \sigma e^{L_\phi(s-t_{k+1})}$。然后，采用

Holder 不等式，式（6-24）可以转化为

$$
\begin{aligned}
\Delta V_1 &\leqslant \int_{t_{k+1}}^{t_k+T} \left[\|\bar{x}\,(s\mid t_k) - x^*\,(s\mid t_k)\|_Q^2 \right] \mathrm{d}s \cdot \max_s \|\bar{x}\,(s\mid t_{k+1}) - x^*\,(s\mid t_k)\|_Q \\
&\quad + 2\int_{t_{k+1}}^{t_k+T} \|\bar{x}\,(s\mid t_{k+1}) - x^*\,(s\mid t_k)\|_Q\,\mathrm{d}s \cdot \max_s \|x^*\,(s\mid t_k)\|_Q \\
&\leqslant \frac{\bar{\lambda}(\sqrt{Q})}{\underline{\lambda}(\sqrt{P})} \left[\int_{t_{k+1}}^{t_k+T} \|\bar{x}\,(s\mid t_{k+1}) - x^*\,(s\mid t_k)\|_Q\,\mathrm{d}s \cdot \sigma \mathrm{e}^{L_\phi(T-\beta T)} \right. \\
&\quad \left. + 2\alpha\varepsilon \int_{t_{k+1}}^{t_k+T} \|\bar{x}\,(s\mid t_{k+1}) - x^*\,(s\mid t_k)\|_Q\,\mathrm{d}s \right] \\
&\leqslant \frac{\bar{\lambda}(\sqrt{Q})}{\underline{\lambda}(\sqrt{P})} \left[\sigma \mathrm{e}^{L_\phi(T-\beta T)} + 2\alpha\varepsilon \right] \int_{t_{k+1}}^{t_k+T} \|\bar{x}\,(s\mid t_{k+1}) - x^*\,(s\mid t_k)\|_Q\,\mathrm{d}s \\
&\leqslant \frac{\bar{\lambda}(Q)}{\underline{\lambda}(P)} \left[\sigma \mathrm{e}^{L_\phi(T-\beta T)} + 2\alpha\varepsilon \right] \frac{\sigma \mathrm{e}^{L_\phi(T-\beta T)} - \sigma}{L_\phi}
\end{aligned}
$$

$$(6\text{-}25)$$

ΔV_2 可以推导如下：

$$
\begin{aligned}
\Delta V_2 &= \int_{t_k+T}^{t_{k+1}+T} \left[\|\bar{x}\,(s\mid t_{k+1})\|_Q^2 + \|\bar{u}\,(s\mid t_{k+1})\|_R^2 \right] \mathrm{d}s \\
&\quad + \|\bar{x}\,(t_{k+1}+T\mid t_{k+1})\|_P^2 - \|x^*\,(t_k+T\mid t_k)\|_P^2 \\
&\leqslant \|\bar{x}\,(t_k+T\mid t_{k+1})\|_P^2 - \|\bar{x}\,(t_{k+1}+T\mid t_{k+1})\|_P^2 \\
&\quad + \|\bar{x}\,(t_{k+1}+T\mid t_{k+1})\|_P^2 - \|x^*\,(t_k+T\mid t_k)\|_P^2 \\
&= \|\bar{x}\,(t_k+T\mid t_{k+1})\|_P^2 - \|x^*\,(t_k+T\mid t_k)\|_P^2 \\
&\leqslant \left[\|\bar{x}\,(t_k+T\mid t_{k+1})\|_P + \|x^*\,(t_k+T\mid t_k)\|_P \right] \\
&\quad \cdot \left[\|\bar{x}\,(t_k+T\mid t_{k+1})\|_P - \|x^*\,(t_k+T\mid t_k)\|_P \right] \\
&\leqslant (1+\alpha)\varepsilon\sigma \mathrm{e}^{L_\phi(T-\beta T)}
\end{aligned}
$$

$$(6\text{-}26)$$

ΔV_3 可以推导如下：

$$
\Delta V_3 \leqslant -\int_{t_k}^{t_{k+1}} \|x^*\,(s\mid t_k)\|_Q^2\,\mathrm{d}s \leqslant -\frac{\underline{\lambda}(Q)}{\bar{\lambda}(P)} \int_{t_k}^{t_{k+1}} \alpha^2\varepsilon^2\,\mathrm{d}s \leqslant -\frac{\underline{\lambda}(Q)}{\bar{\lambda}(P)}\alpha^2\varepsilon^2\beta T \quad (6\text{-}27)
$$

基于式（6-18），可以计算得出 $\Delta V = V\,(t_{k+1}) - V\,(t_k) \leqslant \Delta V_1 + \Delta V_2 + \Delta V_3 < 0$。

因此，存在一个正常数 $\hbar$，即 $V(t_{k+1}) - V(t_k) \leqslant -\hbar$。采用矛盾法来证明系统将在有限时间内进入区域 $\Omega_{(\varepsilon)}$，假设对任意 $k \in (0, \infty)$，都满足 $x(t_k) \notin \Omega_{(\varepsilon)}$，则可以得到以下不等式：

$$\begin{cases} J^*(t_k) - J^*(t_{k-1}) \leqslant -\hbar \\ J^*(t_{k-1}) - J^*(t_{k-2}) \leqslant -\hbar \\ J^*(t_{k-2}) - J^*(t_{k-3}) \leqslant -\hbar \\ \qquad\qquad \vdots \\ J^*(t_1) - J^*(t_0) \leqslant -\hbar \end{cases} \tag{6-28}$$

将式（6-28）两边求和可以得到 $J^*(t_k) \leqslant J^*(t_0) - k\hbar$。显然，当 k 趋于无穷大时，$J^*(t_k)$ 趋于负无穷小，这与 $J^*(t_k) \geqslant 0$ 相矛盾。因此，系统状态可以在有限的时间内进入 $\Omega_{(\varepsilon)}$。至此，系统稳定性证明完成。　　　　□

6.4　仿 真 验 证

6.4.1　质量-弹簧-阻尼器系统

本小节考虑采用非线性质量-弹簧-阻尼器系统来证明所构建弹性 ET-MPC 方法在 FDI 攻击下的控制性能，系统模型表示如下：

$$\begin{cases} \dot{x}_1(t) = x_2(t) \\ \dot{x}_2(t) = -\dfrac{\kappa}{M_c} e^{-x_1(t)} x_1(t) - \dfrac{h_d}{M_c} x_2(t) + \dfrac{u(t)}{M_c} \end{cases} \tag{6-29}$$

其中，$x_1(t)$ 表示质量块的位移；$x_2(t)$ 表示其速度；$M_c = 1.25\text{kg}$ 为其质量；弹簧的非线性系数 $\kappa = 0.25\text{N} \cdot \text{m}^{-1}$；$h_d = 0.42\text{N} \cdot \text{s} \cdot \text{m}^{-1}$ 为阻尼因子；$u(t)$ 为控制输入且其约束为 $-0.25\text{N} \leqslant u(t) \leqslant 0.25\text{N}$。通过计算可得，Lipschitz 常数分别为 $L_\phi = 1.1$，$L_G = 1$。对于输入重构的弹性 ET-MPC，设置权重矩阵 $Q = I_2$ 和 $R = 0.1I_1$，矩阵 P 设计为 $P = [0.52349, -0.15616; -0.15616, 0.29864]$，局部状态反馈控制器 $K = [-0.8458, -0.9444]$。设置终端域半径 $\varepsilon = 0.03$，收缩率 $\alpha = 0.1$，参数 $\beta = 0.8$。系统的预测时域设置为 2.4s 以确保算法的可行性。系统的初始点为 $x_0 = [0.85\text{m}, -0.25\text{m} \cdot \text{s}^{-1}]^{\text{T}}$。

为了便于展示所提算法的性能，在系统参数相同的情况下，将 FDI 攻击下算法 6-1 与周期 MPC 算法进行比较，其中为了凸显 FDI 攻击对系统的影响，设置 FDI 攻击在每个执行间隔都对传输的控制输入 $u^*(\text{s})$ 进行篡改，并且篡改后的控制输入 $u_a(\text{s})$ 仍满足上述控制输入的约束条件。

图 6-4 和图 6-5 分别显示了无 FDI 攻击下周期 MPC、有 FDI 攻击下周期 MPC、有 FDI 攻击下基于单样本输入重构的弹性 ET-MPC($i = 1$) 和有 FDI 攻击下基于多样本输入重构的弹性 ET-MPC($i = 5$) 四种算法控制系统时的状态轨迹 $x_1(t)$ 和 $x_2(t)$ 对比。从图中可以明显看出，周期 MPC 算法遭遇 FDI 攻击时不仅无法控制系统到达控制目标而且逐渐偏离目标点，而算法 6-1 不仅可以抵御 FDI 攻击而且驱动系统的状态轨迹与周期 MPC 算法相似，说明算法 6-1 具有良好的控制性能和安全性能。此外，基于多样本输入重构的弹性 ET-MPC 算法与单样本输入重构的弹性 ET-MPC 算法相比，系统的状态轨迹超调量更小且与周期 MPC 轨迹更加相似。

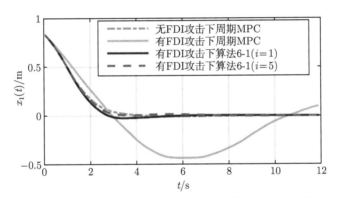

图 6-4　不同情况下系统式（6-29）状态轨迹 $x_1(t)$ 对比

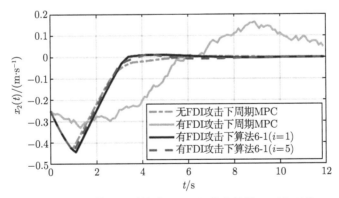

图 6-5　不同情况下系统式（6-29）状态轨迹 $x_2(t)$ 对比

图 6-6 显示了不同情况下系统式（6-29）的控制输入对比，其中点划线数据为周期 MPC 的控制输入，灰色实线数据为周期 MPC 遭受 FDI 攻击后的控制输入，黑色实线数据为基于单样本输入重构的弹性 ET-MPC 控制输入，虚线数据

为基于多样本输入重构的弹性 ET-MPC 控制输入。图 6-7 显示了触发间隔的对比，在整个控制过程中，基于单样本输入重构的弹性 ET-MPC 算法 $(i=1)$ 和基于多样本输入重构的弹性 ET-MPC 算法 $(i=5)$ 分别只被触发 4 次和 3 次，与周期 MPC 算法相比，触发次数明显减少，即减少了求解 OCP 的次数。此外，随着重点保护样本数的增加，算法 6-1 将获得更好的性能。综上所述，算法 6-1 不仅可以抵御 FDI 攻击，而且可以有效节省资源消耗。

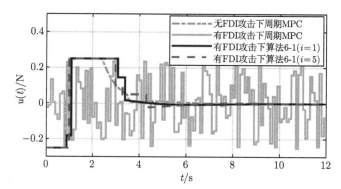

图 6-6   不同情况下系统式（6-29）控制输入对比

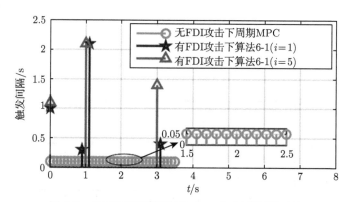

图 6-7   不同情况下系统式（6-29）触发间隔对比

6.4.2   移动机器人系统

本小节将基于输入重构的弹性 ET-MPC 算法应用于移动机器人运动学模型中，通过 MATLAB 仿真以验证其控制性能，系统运动学方程描述如下：

$$\dot{\chi} = \begin{bmatrix} \dot{x}(t) \\ \dot{y}(t) \\ \dot{\theta}(t) \end{bmatrix} = \begin{bmatrix} \cos\theta(t) & 0 \\ \sin\theta(t) & 0 \\ 0 & 1 \end{bmatrix} \begin{bmatrix} v(t) \\ \omega(t) \end{bmatrix} \tag{6-30}$$

其中，控制输入的约束设置为 $\|v\| \leqslant \bar{v} = 1.5\text{m} \cdot \text{s}^{-1}$，$\|\omega\| \leqslant \bar{\omega} = 0.5\text{rad} \cdot \text{s}^{-1}$。运行代价函数 $F = \chi^{\mathrm{T}}Q\chi + u^{\mathrm{T}}Ru$，终端代价函数 $V_f = \chi^{\mathrm{T}}\chi$，其中 $Q = 0.1I_3$，$R = 0.05I_2$。通过计算可得 Lipschitz 常数 $L_\phi = \sqrt{2}\bar{v}$，$L_G = 1$[86]。预测时域 T_p 设置为 2.4s，采样时间 t 设置为 0.04s。其他参数 $\varepsilon_f = 0.01$，$\varepsilon = 0.0275$，$\beta = 0.1$。$\chi_0 = \left[-5\text{m}, 4\text{m}, -\dfrac{\pi}{2}\text{rad}\right]^{\mathrm{T}}$ 为初始状态，目标位置为坐标原点。基于上述描述以及文献 [132] 和 [141]，在仿真中只考虑机器人的位置调整，故局部状态反馈控制器设计为

$$\kappa(x) = \left[\begin{array}{c} \iota_1\left[-x(t)\cos\theta(t) - y(t)\sin\theta(t)\right] \\ \iota_2\left[x(t)\sin\theta(t) - y(t)\cos\theta(t)\right]/L \end{array}\right] \tag{6-31}$$

其中，$\iota_1 = \iota_2 = 0.6$；$L = 0.0267$m，为机器人的轴距。

为了便于展示所提算法的性能，在仿真中比较了以下四种情况：无 FDI 攻击下周期 MPC 算法、有 FDI 攻击下周期 MPC 算法、有 FDI 攻击下基于单样本输入重构的弹性 ET-MPC 算法 ($i = 1$) 和有 FDI 攻击下基于多样本输入重构的弹性 ET-MPC 算法 ($i = 5$)，其中为了凸显 FDI 攻击对系统的影响，设置 FDI 攻击在每个执行间隔都对传输的控制输入 $u^*(s)$ 进行篡改，并且篡改后的控制输入 $u_a(s)$ 仍满足上述控制输入的约束条件。

图 6-8 展示了不同情况下机器人运行轨迹对比。在算法 6-1 的驱动下，移动机器人的运行轨迹（分别为黑色实线和点划线）与无 FDI 攻击下周期 MPC 算法驱动的运行轨迹（虚线）相似且最终都趋于稳定，但是当周期 MPC 算法被 FDI 攻击而不采取防御措施时系统将处于失稳状态并偏离目标点，如图 6-8 中灰色实线所示。

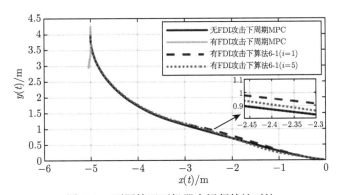

图 6-8　不同情况下机器人运行轨迹对比

图 6-9 为不同情况下机器人的控制输入 $v(t)$ 和 $\omega(t)$。

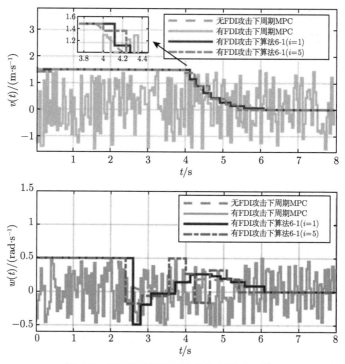

图 6-9　不同情况下机器人控制输入对比

图 6-10 展示了无攻击下周期 MPC 算法、有 FDI 攻击下基于单样本输入重构的弹性 ET-MPC 算法 $(i=1)$ 与有 FDI 攻击下基于多样本输入重构的 ET-MPC 算法 $(i=5)$ 的触发间隔对比情况。可以看出,使用周期 MPC 算法驱动移动机器人系统时,需在每一个采样时刻均触发并求解 OCP；当采用基于单样本输入重构的

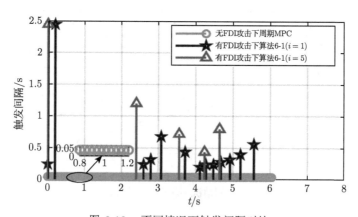

图 6-10　不同情况下触发间隔对比

弹性 ET-MPC 算法驱动移动机器人系统时，触发次数减少至 13 次；当采用基于多样本输入重构的弹性 ET-MPC 算法驱动移动机器人时，触发次数进一步减少至 5 次。基于上述仿真结果可以看出，对于移动机器人系统，所提出的算法 6-1 不仅可以抵御 FDI 攻击，使系统遭遇攻击后快速恢复正常运行，而且控制性能与无 FDI 攻击情况下相似。此外，随着重点保护样本数量的增加，算法 6-1 的触发性能和控制性可获得大幅度提升。

6.5 本章小结

本章首先针对控制系统资源有限的问题，提出了输入重构弹性 ET-MPC 方法。该方法引入事件触发机制，并对求解 OCP 获得的部分控制样本进行重点保护以确保其不会遭到恶意篡改，当系统检测到 FDI 攻击时，执行器端以 ZOH 的方式对控制输入进行重构。其次，设计了相应的事件触发条件以减少求解 OCP 的次数。经过严格的理论推导，得到了保证算法可行性和闭环系统稳定性以及避免芝诺效应的充分条件。最后，采用 MATLAB 在质量–弹簧–阻尼器系统和移动机器人系统上进行仿真实验，通过对无 FDI 攻击下周期 MPC 算法、有 FDI 攻击下周期 MPC 算法、FDI 攻击下基于输入重构的弹性 ET-MPC 算法的控制情况对比，证明了所提基于输入重构的弹性 ET-MPC 算法不仅降低了计算和通信频率，还可以使系统在遭受 FDI 攻击时保持稳定运行并实现控制目标。

第 7 章 　 FDI 攻击下非线性系统能量平衡弹性自触发预测控制

由于 ET-MPC 方法的实现需要持续监测系统当前状态并与触发条件进行比较，ST-MPC 在继承 ET-MPC 仅在预设触发条件被满足时才进行 OCP 求解的基础上，通过预测未来触发时刻，进一步降低了 ET-MPC 监控成本 [43,84]。此外，为了使控制系统获得更好的弹性性能而重点保护大量的控制样本，也会占用更多的保护资源。然而在实际应用中控制系统的资源有限，需要考虑弹性预测控制算法中计算、通信及保护之间的资源平衡。

本章进一步引入自触发机制，通过已有的系统数据和动态函数预先计算得到下一次更新时间，进一步节省了系统的监测资源。此外，提出了一种基于能量平衡传输的输入重构方法，仅重点保护两个关键的控制样本，便可通过重构机制进行输入重构以获得优良的弹性控制性能。

7.1 　 问 题 描 述

7.1.1 　 系统描述

考虑如下所示的非线性输入仿射系统：

$$\dot{x}(s) = \phi\left(x(s), u(s)\right) = f\left(x(s)\right) + g\left(x(s)\right) u(s) \tag{7-1}$$

式中，$x(s) \in \mathbb{R}^n$ 和 $u(s) \in \mathbb{R}^m$，分别代表系统状态和控制输入。控制输入 $u(s)$ 需要满足的约束为 $\mathcal{U} = \{u(s) \in \mathbb{R}^m : \|u(s)\| \leqslant u_{\max}, \|\dot{u}(s)\| \leqslant k_u\}$，其中 k_u 表示所能容许最优控制输入变化速率的上界。本章的控制目标依然是使系统式（7-1）逐渐稳定到原点，即当 $s \to \infty$，$x(s) \to 0$。采用以下一般假设来实现这一控制目标。

假设 7-1 系统模型 $\phi(x, u) : \mathbb{R}^n \times \mathbb{R}^m \to \mathbb{R}^n$ 对 $x \in \mathbb{R}^n$ Lipschitz 连续，并且存在 Lipschitz 常数 L_ϕ。此外，存在一个常数 $L_G > 0$，使 $\|g(x)\| \leqslant L_G$。

7.1.2 自触发模型预测控制

给定带约束非线性系统式 (7-1)，采用 "双模"ST-MPC 作为其控制器。ST-MPC 在触发时刻 $t_k (k \in \mathbb{N})$ 基于系统模型式 (7-1) 和当前测量值 $x(t_k)$ 通过求解 OCP 获得当前时刻的最优控制输入 $u^*(s), s \in [t_k, t_k + T_p]$ 和相应的最优状态轨迹 $x^*(s), s \in [t_k, t_k + T_p]$，并且将触发间隔 $t_k \sim t_{k+1}$ 的控制输入通过 C-A 网络通道传输至执行器。t_{k+1} 是在触发时刻 t_k 通过自触发机制获得的下一个触发时刻，T_p 为预测时域。具体的，定义 MPC 的 OCP 为

$$u(s) = \arg\min_u J(x(t_k), u) \tag{7-2}$$

$$\text{s.t.} \begin{cases} \dot{x} = \phi(x, u), s \in [t_k, t_k + T_p] \\ u(s) \in \mathcal{U} \\ x(t_k + T_p) \in \Omega_{(\varepsilon_f)} \end{cases} \tag{7-3}$$

式中，$\Omega_{(\varepsilon_f)} = \{x(s) \in \mathbb{R}^n : V_f(x(s)) \leqslant \varepsilon_f\}$ 为 MPC 控制系统需满足的终端约束，并且 $\varepsilon_f > 0$。式 (7-2) 中被最小化的代价函数 $J(\cdot)$ 描述为

$$J(x(t_k), u) = \int_{t_k}^{t_k + T_p} F(x(s), u(s)) \mathrm{d}s + V_f(x(t_k + T_p)) \tag{7-4}$$

式中，$F(x(s), u(s)) = \|x(s)\|_Q^2 + \|u(s)\|_R^2$，为运行代价函数；$V_f(x(t_k + T_p)) = \|x(t_k + T_p)\|_P^2$，为终端代价函数。权重 Q、R 和 P 都是正定矩阵。为了保证 MPC 的可行性，引入局部状态反馈控制器 $\kappa(x)$，并且令其满足假设 7-2。

假设 7-2 给定常数 $\varepsilon > \varepsilon_f > 0$，对 $\forall x \in \Omega_{(\varepsilon)}$ 存在局部状态反馈控制器 $\kappa(x) \in \mathcal{U}$ 满足

$$\frac{\partial V_f}{\partial x}(f(x) + g(x)\kappa(x)) \leqslant -F(x, \kappa(x)) \tag{7-5}$$

注意，$\varepsilon_f = \alpha\varepsilon$ 且 $\alpha \in (0, 1)$。因为 $\varepsilon > \varepsilon_f$，所以 $\Omega_{(\varepsilon_f)} \subseteq \Omega_{(\varepsilon)}$。此外，定义 $\mho_V = \{x \in \mathbb{R}^n : J^*(x) \leqslant J_0\}$ 为 MPC 的稳定域，其中 J_0 是根据系统动力学和 $\Omega_{(\varepsilon)} \subseteq \mho_V$ 确定的。基于局部状态反馈控制器，为降低资源消耗和被攻击的风险，本章依然采用 "双模" 控制方法，即一旦系统状态 $x(s)$ 进入域 $\Omega_{(\varepsilon)}$，就切换至反馈控制器 $\kappa(x)$ 来稳定系统而不再进行 OCP 的求解。

假设 7-3 给定 K_∞ 函数 α_1 和 α_2，满足 $F(x, u) \geqslant \alpha_1(\|x\|)$ 和 $V_f(x) \leqslant \alpha_2(\|x\|)$。此外，当 $x \in \mho_V$ 时 $F(x, u)$ 和 $V_f(x)$ Lipschitz 连续，且存在 Lipschitz 常数 L_F 和 L_{V_f}，其中 $0 < L_F < \infty$，$0 < L_{V_f} < \infty$。

备注 7-1　假设 7-1～ 假设 7-3 是保证非线性 MPC 稳定的一般性假设 [80,84]。基于上述设置，通过求解 OCP 可以获得

$$u^*(s), x^*(s), s \in [t_k, t_k + T_p] \tag{7-6}$$

其中，$x^*(s)$ 表示系统式（7-1）在最优控制输入 $u^*(s)$ 驱动下获得的最优预测状态，并且满足 $x^*(t_k) = x(t_k)$。

通过求解 OCP 获得的最优控制输入 $u^*(s)$，$s \in [t_k, t_k + T_p]$ 是一个连续的控制输入，但是在实际系统中，特别是在网络控制系统中，控制器在有限的传输带宽下只能发送有限数量的控制样本。为解决这一问题，工业应用中通常将 $u^*(s)$ 离散化为 $N(N \in \mathbb{N}^+)$ 个控制样本，即控制样本包 U^*：

$$U^* = \left\{ u^*(t_k), u^*(t_k + \delta_1), \cdots, u^*\left(t_k + \sum_{n=1}^{N} \delta_n\right) \right\} \tag{7-7}$$

定义 $\Delta_i = \sum_{n=1}^{i} \delta_n < T_p$，$1 \leqslant i \leqslant N$。$U^*$ 在触发瞬间 t_k 通过网络信道发送至执行器，执行器通过 ZOH 方式应用 U^* 获得实际系统状态 $x(s)$。U^* 可以通过保证代价函数递减等多种方式获得 [84,86,142]。离散化后的控制样本示意图如图 7-1 所示。

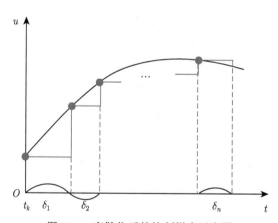

图 7-1　离散化后的控制样本示意图

通过上述设置，一种基于 ZOH 方式的经典 ST-MPC 方法总结如下。

步骤 1：在触发时刻 t_k，如果 $x(t_k) \notin \Omega_{(\varepsilon)}$，则通过求解时域 $[t_k, t_k + T_p]$ 中的 OCP 得到 $u^*(t_k)$。

步骤 2：根据式（7-7）形成控制样本包 U^*，且通过计算自触发机制得到下一触发时刻 t_{k+1}。

步骤 3：执行器以 ZOH 方式依次应用 U^* 中的控制样本直到下一触发时刻 t_{k+1}，并将 $x(t_{k+1})$ 返回至控制器。

步骤 4：如果 $x(t_k) \in \Omega_{(\varepsilon)}$，则执行器采用局部状态反馈控制器 $\kappa(x)$。

步骤 5：$k = k+1$，然后返回到步骤 1。

备注 7-2 控制样本 $u^*\left(t_k + \sum\limits_{n=1}^{i} \delta_n\right)$，$1 \leqslant i \leqslant N$ 是通过保证 Lyapunov 函数 $J(x)$ 单调递减以及采样间隔最大化来确定的[49]。

7.1.3 FDI 攻击建模

因为 ST-MPC 执行非周期采样，即控制输入和测量值仅在触发瞬间 t_k 被传输，同时，相比 S-C 通道，C-A 通道包含更多信息（不仅包含控制样本，而且包含相应的执行时间），因此在本章的研究中，依旧仅考虑 C-A 网络通道遭受 FDI 攻击的情况，即控制器发出的最优控制输入 $u^*(s)$ 被攻击者恶意篡改的情况。首先，建立 FDI 攻击模型，以便设计出合适的弹性控制方法。

设置 $\varGamma_k$，$k \in \mathbb{N}$ 表示 FDI 攻击启动的时刻，FDI 攻击的执行时间表示为 ϖ_k，且 $\varpi_k \leqslant \varGamma_{k+1} - \varGamma_k$。因此，所有 FDI 攻击的激活时间可以定义为

$$\Theta(\varGamma_k, \varpi_k) \triangleq [\varGamma_k, \varGamma_k + \varpi_k] \tag{7-8}$$

接下来，引入一个指标变量 a_{sl}，$sl \in \mathbb{N}$ 表示攻击是否有效。

$$a_{sl} = \begin{cases} 1, & sl \in \Theta(\varGamma_k, \varpi_k) \\ 0, & sl \notin \Theta(\varGamma_k, \varpi_k) \end{cases} \tag{7-9}$$

进一步，实际系统中的控制输入 $u_f(s)$ 可以定义为

$$u_f(s) = a_{sl} u_a(s) + (1 - a_{sl}) u^*(s|s_l), \quad s \in [s_l, s_{l+1}] \tag{7-10}$$

其中，$u_a(s) \in \mathbb{R}^m$，为 FDI 攻击者通过网络漏洞恶意篡改的控制输入。当 $a_{sl} = 1$ 表示该时刻的控制输入已被篡改为 $u_a(s)$，反之未被篡改。因此，被攻击的系统模型描述如下：

$$\dot{x}_f(s) = \phi(x_f(s), u_f(s)) = f(x_f(s)) + g(x_f(s)) u_f(s) \tag{7-11}$$

其中，$u_f \in \mathbb{R}^m$，为 FDI 攻击下的控制输入；$x_f \in \mathbb{R}^n$，为 u_f 控制下的系统状态。

7.2　算法设计

为了确保系统能够抵御 FDI 攻击，一种有效的方法是对整个 ST-MPC 控制样本包 U^* 采取重点保护措施，以确保 U^* 不会被攻击者篡改。然而，随着受保护控制样本量的增加，系统的计算效率和通信效率将会降低，甚至抵消自触发机制所节省的资源。因此，有必要开发一种基于能量平衡传输的弹性控制器。能量平衡传输是指在同时保证系统弹性性能和控制性能的前提下，将控制系统有限的资源平衡地分配于求解 OCP 和对关键控制样本的重点保护，能量平衡传输可以提高控制系统的资源利用效率。

本节提出了一种基于能量平衡传输的弹性 ST-MPC 方法，在本设计中假定控制系统自带的检测元件可以检测到 C-A 通道中的 FDI 攻击。控制系统基本框架如图 7-2 所示。

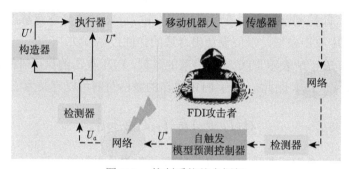

图 7-2　控制系统基本框架

7.2.1　能量平衡机制设计

本小节提出能量平衡机制，利用该机制可以在恶意网络环境下仅对两个控制样本实施保护即可抵御 FDI 攻击。具体地，控制器首先在触发时刻 t_k 分别对采样间隔内第一个控制样本 $u^*(t_k)$ 和最后一个控制样本 $u^*(t_k + \Delta_N)$ 给予重点的保护，然后执行端根据关键参数 β 对控制信号进行重构以削弱 FDI 攻击对被控系统的影响。输入重构机制定义为式（7-12）：

$$u'(s) = \beta \left[\frac{u^*(t_k + \Delta_N) - u^*(t_k)}{\Delta_N}(s - t_k) + u^*(t_k) \right] \tag{7-12}$$

其中，$s \in [t_k, t_k + \Delta_N]$；$\Delta_N = \sum_{n=1}^{N} \delta_n$；$\beta$ 是一个需要求解的关键参数。需要注意的是，如果系统受到 FDI 攻击，控制样本的采样间隔也可能被篡改。但由于第一

个控制样本 $u^*(t_k)$ 和最后一个控制样本 $u^*(t_k + \Delta_N)$ 受到重点保护，因此触发间隔 Δ_N 的信息得以保护。接下来将触发间隔 Δ_N 进行平均分配，并以 ZOH 方式应用控制样本 $u'(s)$，即

$$u'(t_k + \Delta_j) = \beta \left[\frac{u^*(t_k + \Delta_N) - u^*(t_k)}{\Delta_N} \Delta_j + u^*(t_k) \right] \tag{7-13}$$

其中，$\Delta_j = \sum_{j=1}^{i} \zeta_j$，$1 \leqslant j \leqslant N$，$\zeta = \frac{\Delta_N}{N}$ 是输入重构后的控制样本采样间隔。基于此，执行器在遭受 FDI 攻击后实际应用的控制样本包可描述为

$$U' = \{u'(t_k), u'(t_k + \Delta_1), \cdots, u'(t_k + \Delta_j)\} \tag{7-14}$$

图 7-3 展示了最优控制输入 $u^*(s)$ 和重构控制输入 $u'(s)$ 之间的关系。黑色实线代表通过求解 OCP 获得的最优控制输入 $u^*(s)$。采取重点保护的两个控制样本 $u^*(t_k)$ 和 $u^*(t_k + \Delta_N)$ 见三角形标记，当系统遭受 FDI 攻击时，重构的连续控制输入如点划线所示。执行器以 ZOH 的方式应用控制输入，即虚线所示。

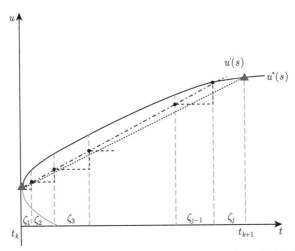

图 7-3 最优控制输入 $u^*(s)$ 与重构控制输入 $u'(s)$ 关系示意图

备注 7-3 当系统未检测到攻击时，执行器会正常应用 U^*。当系统受到攻击时，执行器在 ST-MPC 执行间隔内采用重构的控制样本 U'，不仅使系统快速恢复正常运行，而且有效减少了资源的过度使用。

7.2.2　弹性自触发模型预测控制算法设计

为确保 C-A 通道传输的数据被 FDI 攻击者篡改后，执行端重构的控制输入能维持系统稳定运行，弹性 ST-MPC 控制器需要选取合适的重构参数 β。在给出重构参数 β 选取方式之前，先对系统状态量误差的上界进行分析，以明确重构控制输入和系统性能之间的关系。

引理 7-1　如果重构控制样本 $u'(t_k + \Delta_j)$ 从 t_k 开始被应用至系统式（7-1），则实际状态 $x(t_k + \Delta_j)$ 和最优状态 $x^*(t_k + \Delta_j)$ 对应的状态误差 $\|x(t_k + \Delta_j) - x^*(t_k + \Delta_j)\|$ 的上界 $E(\Delta_j)$ 可通过下式计算获得。

当 $j = 1$ 时：

$$E(\Delta_1) = \|x(t_k + \Delta_1) - x^*(t_k + \Delta_1)\| \leqslant L_G \Delta u(t_k + \zeta_1) \mathrm{e}^{L_\phi \zeta_1} \tag{7-15}$$

当 $1 < j \leqslant N$ 时：

$$E(\Delta_j) = \|x(t_k + \Delta_j) - x^*(t_k + \Delta_j)\| \leqslant E(\Delta_{j-1}) \mathrm{e}^{L_\phi \zeta_j} + L_G \Delta u(t_k + \zeta_j) \mathrm{e}^{L_\phi \zeta_j} \tag{7-16}$$

证明　首先，对 $j = 1$ 有

$$x(t_k + \Delta_1) = x(t_k) + \int_{t_k}^{t_k + \Delta_1} \phi(x(s), u'(s))\mathrm{d}s \tag{7-17}$$

$$x^*(t_k + \Delta_1) = x^*(t_k) + \int_{t_k}^{t_k + \Delta_1} \phi(x^*(s), u^*(s))\mathrm{d}s \tag{7-18}$$

因为 $x(t_k) = x^*(t_k)$，所以

$$\|x(t_k + \Delta_1) - x^*(t_k + \Delta_1)\|$$
$$\leqslant L_\phi \int_{t_k}^{t_k + \Delta_1} \|x(s) - x^*(s)\|\mathrm{d}s + L_G \left\|\int_{t_k}^{t_k + \Delta_1} [u'(t_k) - u^*(s)]\mathrm{d}s\right\| \tag{7-19}$$

定义 $\Delta u(t_k + \zeta_1) = \left\|\int_{t_k}^{t_k + \Delta_1} [u'(t_k) - u^*(s)]\mathrm{d}s\right\|$。因此，式 (7-19) 可以被重写为

$$\|x(t_k + \Delta_1) - x^*(t_k + \Delta_1)\| \leqslant L_\phi \int_{t_k}^{t_k + \Delta_1} \|x(s) - x^*(s)\|\mathrm{d}s + L_G \Delta u(t_k + \zeta_1) \tag{7-20}$$

通过采用 Gronwall-Bellman 不等式，式（7-20）可以被转化为

$$\|x(t_k + \Delta_1) - x^*(t_k + \Delta_1)\| \leqslant L_G \Delta u(t_k + \zeta_1) \mathrm{e}^{L_\phi \zeta_1} \tag{7-21}$$

相似地，对 $j = 2, 3, \cdots, N$ 有

$$x\left(t_k + \Delta_j\right) = x\left(t_k + \Delta_{j-1}\right) + \int_{t_k+\Delta_{j-1}}^{t_k+\Delta_j} \phi\left(x\left(s\right), u'\left(t_k + \Delta_{j-1}\right)\right) \mathrm{d}s \tag{7-22}$$

$$x^*\left(t_k + \Delta_j\right) = x^*\left(t_k + \Delta_{j-1}\right) + \int_{t_k+\Delta_{j-1}}^{t_k+\Delta_j} \phi\left(x^*\left(s\right), u^*\left(s\right)\right) \mathrm{d}s \tag{7-23}$$

采用 Gronwall-Bellman 不等式可以得到

$$\left\| x\left(t_k + \Delta_j\right) - x^*\left(t_k + \Delta_j\right) \right\|$$

$$\leqslant \left\| x\left(t_k + \Delta_{j-1}\right) - x^*\left(t_k + \Delta_{j-1}\right) \right\| + \int_{t_k+\Delta_{j-1}}^{t_k+\Delta_j} L_\phi \left\| x(s) - x^*(s) \right\| \mathrm{d}s$$

$$+ L_G \left\| \int_{t_k+\Delta_{j-1}}^{t_k+\Delta_j} \left[u'\left(t_k + \Delta_{j-1}\right) - u^*(s) \right] \mathrm{d}s \right\|$$

$$\leqslant E\left(\Delta_{j-1}\right) \mathrm{e}^{L_\phi \zeta_j} + L_G \Delta u\left(t_k + \zeta_j\right) \mathrm{e}^{L_\phi \zeta_j} \tag{7-24}$$

其中，$\Delta u\left(t_k + \zeta_j\right) = \left\| \int_{t_k+\Delta_{j-1}}^{t_k+\Delta_j} \left[u'\left(t_k + \Delta_{j-1}\right) - u^*(s) \right] \mathrm{d}s \right\|$ 且 $\Delta u\left(t_k + \zeta_j\right)$ 通过求解 OCP 并进行在线计算得到。至此引理 7-1 得证。 □

　　由于代价函数的值反映了 MPC 的性能 [69]，因此引入下述判断条件来选取合适的重构参数 β。

$$J^*\left(x\left(s\right)\right) - J^*\left(x^*\left(s\right)\right) < \sigma_J \tag{7-25}$$

其中，$J^*\left(x^*\left(s\right)\right)$ 为根据最优控制输入 $u^*\left(s\right)$ 获得的最优代价；$J^*\left(x\left(s\right)\right)$ 为根据重构控制输入 $u'\left(s\right)$ 获得的最优代价；$\sigma_J \in \mathbb{R}^+$，是一个设计参数。如果假设 7-1～假设 7-3 为真，则可以证明 $J^*\left(x\right)$ 在 $\mho_V$ 中是局部 Lipschitz 连续，且相应的 Lipschitz 常数为 L_J。根据文献 [86]，可以得到

$$L_J = \left(\frac{L_F}{L_\phi} + L_{V_f} \right) \mathrm{e}^{L_\phi T_p} - \frac{L_F}{L_\phi} \tag{7-26}$$

　　为了使式（7-25）转变为可解模态，通过式（7-26）和引理 7-1，式（7-25）可以进一步转化为

$$E\left(\Delta_j\right) \leqslant \frac{1}{L_J} \sigma_J \tag{7-27}$$

基于上述分析，现将重构参数 β 的整定方法总结为定义 7-1。

定义 7-1　如果假设 7-1～ 假设 7-3 为真，重构参数 β 通过求解如下优化问题来确定：

$$\min E\left(\Delta_N\right) \tag{7-28}$$

$$\text{s.t.} \begin{cases} E\left(\Delta_N\right) \leqslant \dfrac{1}{L_J}\sigma_J \\ u'\left(t_k + \Delta_N\right) \in \mathcal{U} \end{cases} \tag{7-29}$$

结合 "双模"ST-MPC 算法、能量平衡机制式（7-13）以及定义 7-1 重构参数选取方法，基于能量平衡传输的弹性 ST-MPC 控制过程可被总结为算法 7-1 所示的伪代码。

算法 7-1：基于能量平衡传输的弹性 ST-MPC 算法

1: while $x\left(t_k\right) \notin \Omega_{(\varepsilon)}$ do
2:　　根据经典 ST-MPC 方法得到 U^* 和 t_{k+1}；
3:　　计算重构参数 β；
4:　　发送 U^* 和 β 到执行器；
5:　　if 系统未检测到 FDI 攻击 then
6:　　　　以采样保持的方式应用 U^* 直到 t_{k+1}；
7:　　else if 系统检测到 FDI 攻击 then
8:　　　　使用重构参数 β 获得重构的控制输入信号 $u'\left(s\right)$；
9:　　　　以 ZOH 方式应用 U' 直到 t_{k+1}；
10:　　end if
11:　　　　将 $x\left(t_{k+1}\right)$ 发送到控制器；
12:　　$k = k + 1$；
13: end while
14: 应用局部状态反馈控制器 $\kappa\left(x\right)$。

7.3　理 论 分 析

对算法进行理论分析有助于推动所提算法在控制领域的广泛应用。因此在本节中，对基于能量平衡传输弹性 ST-MPC 算法进行可行性和稳定性分析。

7.3.1　迭代可行性分析

本小节从理论上证明了算法 7-1 的迭代可行性，其具体内容如定理 7-1 所述。

定理 7-1　如果假设 7-1～ 假设 7-3 为真，且设计参数 σ_J 满足以下公式：

$$\sigma_J\left(t_k + \Delta_N\right) = \gamma \int_{t_k}^{t_k+\Delta_N} F\left(x^*\left(s\right), u^*\left(s\right)\right)\mathrm{d}s \tag{7-30}$$

其中，$\gamma \in (0,1)$，则算法 7-1 是迭代可行的。

证明 由于经典 ST-MPC 在 t_k 时刻是可行的，且 $x(t_k) = x^*(t_k) \in \mho_V$，所以 $J^*(x(t_k)) < J_0$。基于周期 MPC，如果将 $u^*(s)$ 连续应用于执行器，当 $t_{k+1} = t_k + \Delta_N$，则有

$$J^*(x^*(t_{k+1})) - J^*(x^*(t_k)) \leqslant -\int_{t_k}^{t_{k+1}} F(x^*(s), u^*(s)) \mathrm{d}s \qquad (7\text{-}31)$$

将 $u^*(s)$ 和 $u'(s)$ 应用于系统，结合式 (7-29) 可以得到：

$$J^*(x(t_{k+1})) - J^*(x^*(t_{k+1})) < \sigma_J(t_{k+1}) \qquad (7\text{-}32)$$

根据式（7-31）和式（7-32），可以推导出

$$
\begin{aligned}
& J^*(x(t_{k+1})) - J^*(x^*(t_k)) \\
\leqslant & J^*(x(t_{k+1})) - J^*(x^*(t_{k+1})) \\
& - \int_{t_k}^{t_{k+1}} F(x^*(s), u^*(s)) \mathrm{d}s \leqslant \sigma_J(t_{k+1}) - \int_{t_k}^{t_{k+1}} F(x^*(s), u^*(s)) \mathrm{d}s \\
\leqslant & (\gamma - 1) \int_{t_k}^{t_{k+1}} F(x^*(s), u^*(s)) \mathrm{d}s < 0
\end{aligned}
\qquad (7\text{-}33)
$$

因此，$J^*(x(t_{k+1})) - J^*(x(t_k)) < 0$，意味着 $x(t_{k+1}) \in \mho_V$。此外，基于关键参数的选择条件式（7-28），可以保证 $u'(t_k + \Delta_j) \in \mathcal{U}$。至此，算法 7-1 在 t_{k+1} 时刻可行已完整证明。 $\square$

7.3.2 稳定性分析

对于控制系统来说，稳定性是保证系统安全、高效运行的关键。本小节对闭环系统的稳定性进行分析，分析结果如定理 7-2 所述。

定理 7-2 假设系统式（7-1）采用所提出的基于能量平衡传输弹性 ST-MPC 算法，若 $x(t_0)$ 在终端域 $\Omega_{(\varepsilon)}$ 之外，则状态轨迹将在有限的时间内进入 $\Omega_{(\varepsilon)}$，且状态轨迹 $x(t_k)$ 将一直保持在 $\Omega_{(\varepsilon)}$ 内，即使 C-A 通道遭受到 FDI 攻击。

证明 本部分采用矛盾法来证明闭环系统的稳定性，即通过证明对于任意 $k \in (0, \infty)$，$x(t_k)$ 一直在 $\Omega_{(\varepsilon)}$ 之外不成立而证明 $x(t_k)$ 可在有限时间内到达终端域 $\Omega_{(\varepsilon)}$。

首先根据定义 7-1，可以得到

$$J^*(x(t_{k+1})) - J^*(x(t_k)) \leqslant (\gamma - 1) \int_{t_k}^{t_{k+1}} F(x^*(s), u^*(s)) \mathrm{d}s < 0 \qquad (7\text{-}34)$$

其中，$J^*(x)$ 为系统式（7-1）的闭环 Lyapunov 函数。此外，因为假设 7-3 存在，则可获得

$$J^*(x(t_k)) - J^*(x(t_{k-1})) \leqslant (\gamma - 1) \int_{t_{k-1}}^{t_k} F(x^*(s), u^*(s)) \, \mathrm{d}s$$

$$< (\gamma - 1) \int_{t_{k-1}}^{t_{k-1}+\Delta_N} \alpha_1\left(\alpha_2^{-1}(\varepsilon_f)\right) \mathrm{d}s = -(1-\gamma)\alpha_1\left(\alpha_2^{-1}(\varepsilon_f)\right)\Delta_N = -\eta < 0$$

$$(7\text{-}35)$$

其中，$\eta = (1-\gamma)\alpha_1\left(\alpha_2^{-1}(\varepsilon_f)\right)\Delta_N$。因此

$$\begin{cases} J^*(x(t_k)) - J^*(x(t_{k-1})) \leqslant -\eta \\ J^*(x(t_{k-1})) - J^*(x(t_{k-2})) \leqslant -\eta \\ J^*(x(t_{k-2})) - J^*(x(t_{k-3})) \leqslant -\eta \\ \qquad\qquad\qquad \vdots \\ J^*(x(t_1)) - J^*(x(t_0)) \leqslant -\eta \end{cases} \tag{7-36}$$

通过对不等式两边求和可以得到

$$J^*(x(t_k)) \leqslant J^*(x(t_0)) - k\eta \tag{7-37}$$

　　由式（7-37）可知，当 k 趋于无穷大时，$J^*(x(t_k))$ 趋于负无穷大，这与 $J^*(x(t_k)) \geqslant 0$ 相矛盾。因此，系统的状态轨迹可以在有限的时间内进入 $\Omega_{(\varepsilon)}$。当 $x(t_k) \in \Omega_{(\varepsilon)}$ 时，驱动器采用局部状态反馈控制器 $\kappa(x)$ 来稳定系统。至此，闭环系统的稳定性。证毕。　　　　　　　　　　　　　　　　　　　　　　　　　　　　　　　　　□

7.4　仿真验证

7.4.1　质量–弹簧–阻尼器系统

　　本小节采用非线性质量–弹簧–阻尼器系统来验证所开发的基于能量平衡传输弹性 ST-MPC 方法在 FDI 攻击下的控制性能，系统模型如下所示：

$$\begin{cases} \dot{x}_1(t) = x_2(t) \\ \dot{x}_2(t) = -\dfrac{\kappa}{M_c}\mathrm{e}^{-x_1(t)}x_1(t) - \dfrac{h_d}{M_c}x_2(t) + \dfrac{u(t)}{M_c} \end{cases} \tag{7-38}$$

其中，$x_1(t)$ 表示质量块的位移；$x_2(t)$ 表示质量块的速度；$M_c = 1.25\mathrm{kg}$，为质量块的质量；弹簧的非线性系数 $\kappa = 0.25\mathrm{N \cdot m^{-1}}$；$h_d = 0.42\mathrm{N \cdot s \cdot m^{-1}}$，是阻

尼因子；$u(t)$ 是控制输入且其约束为 $-0.25\mathrm{N} \leqslant u(t) \leqslant 0.25\mathrm{N}$。对于基于能量平衡传输的弹性 ST-MPC 算法，设置权重矩阵 $Q = I_2$ 和 $R = 0.1I_1$，矩阵 P 设计为 $P = [0.52349, -0.15616; -0.15616, 0.29864]$，局部状态反馈矩阵为 $K = [-0.8458, -0.9444]$。设置终端域半径 $\varepsilon = 0.03$，收缩率 $\alpha = 0.1$。系统的预测时域 T_p 设置为 2.4s 以确保算法的可行性。系统的初始点为 $x_0 = [0.85\mathrm{m}, -0.25\mathrm{m} \cdot \mathrm{s}^{-1}]^\mathrm{T}$，目标点是 $[0, 0]^\mathrm{T}$。

为了便于展示所提算法的性能，在系统参数相同的情况下，将 FDI 攻击下算法 7-1 与经典 ST-MPC 算法进行比较，其中为了充分验证弹性预测控制器对 FDI 攻击的防御效果，设置 FDI 攻击在每个执行间隔都对传输的控制输入 $u^*(s)$ 进行篡改，并且考虑执行器所存在的饱和约束，设置篡改后的控制输入 $u_a(s)$ 仍满足上述控制输入的约束条件。

图 7-4 显示了无 FDI 攻击下经典 ST-MPC 算法[86]、有 FDI 攻击下经典 ST-MPC 算法和有 FDI 攻击下能量平衡传输弹性 ST-MPC 算法三种控制方法下的系统状态轨迹 $x_1(t)$ 和 $x_2(t)$。从图中可以明显看出，经典 ST-MPC 算法遭遇 FDI 攻击时将无法实现稳定控制且逐渐偏离目标点，而算法 7-1 不仅可以抵御 FDI 攻击而且驱动系统的状态轨迹与无 FDI 攻击经典 ST-MPC 算法基本重合，说明算法 7-1 具有良好的控制性能和安全性能。

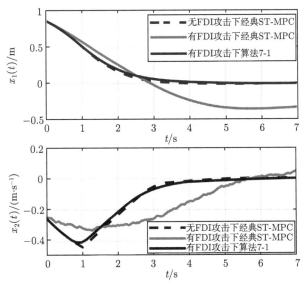

图 7-4　不同情况下系统式（7-38）状态轨迹

图 7-5 显示了三种控制方法下系统的控制输入。

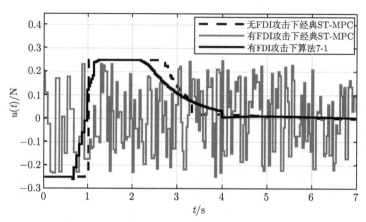

图 7-5　不同情况下系统式（7-38）控制输入对比

图 7-6 展示了有 FDI 攻击的弹性 ST-MPC 算法与无 FDI 攻击的经典 ST-MPC 算法触发间隔的对比情况。从图 7-6 可以看出，当采用所提出的弹性 ST-MPC 算法控制系统时，系统的自触发特性基本与经典 ST-MPC 算法在安全网络环境下所体现的自触发特性保持一致。因此，算法 7-1 不仅可以抵御 FDI 攻击，而且可以有效节省资源消耗。

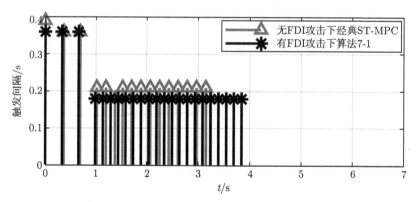

图 7-6　不同情况下系统式（7-38）触发间隔对比

7.4.2　移动机器人系统

本小节将能量平衡传输弹性 ST-MPC 算法进一步应用到移动机器人系统中，以充分验证算法 7-1 的有效性，移动机器人系统方程如下所示：

$$\dot{\chi} = \begin{bmatrix} \dot{x}\,(t) \\ \dot{y}\,(t) \\ \dot{\theta}\,(t) \end{bmatrix} = \begin{bmatrix} \cos\theta\,(t) & 0 \\ \sin\theta\,(t) & 0 \\ 0 & 1 \end{bmatrix} \begin{bmatrix} v\,(t) \\ \omega\,(t) \end{bmatrix} \tag{7-39}$$

其中，$[x(t),y(t)]$ 和 $\theta(t)$ 分别表示机器人的位置和方向；$v(t)$ 和 $\omega(t)$ 分别表示线速度和角速度。控制输入的约束为 $\|v\| \leqslant \bar{v} = 1.5\text{m}\cdot\text{s}^{-1}$，$\|\omega\| \leqslant \bar{\omega} = 0.5\text{rad}\cdot\text{s}^{-1}$。运行代价函数 $F = \chi^{\text{T}}Q\chi + u^{\text{T}}Ru$，终端代价函数 $V_f = \chi^{\text{T}}\chi$，其中权重矩阵 $Q = 0.1I_3$，$R = 0.05I_2$。计算得到 Lipschitz 常数 $L_\phi = \sqrt{2}\bar{v}$，$L_G = 1$[86]。预测时域 T_p 设置为 2.4s，采样时间 t 为 0.02s，控制样本数为 $N = 6$。其他参数 $\gamma = 0.99$，$\varepsilon_f = 0.01$，$\varepsilon = 0.0275$。$\chi_0 = \left[-5\text{m}, 4\text{m}, -\dfrac{\pi}{2}/\text{rad}\right]^{\text{T}}$，为初始状态。基于上述描述与文献 [132] 和 [141]，在仿真中只考虑机器人的位置调整。局部状态反馈矩阵设计为

$$\kappa(x) = \begin{bmatrix} \iota_1 \left[-x(t)\cos\theta(t) - y(t)\sin\theta(t)\right] \\ \iota_2 \left[x(t)\sin\theta(t) - y(t)\cos\theta(t)\right]/l \end{bmatrix} \tag{7-40}$$

其中，$\iota_1 = \iota_2 = 0.6$；$l = 0.0267\text{m}$，为机器人的轴距。

为了清楚地展示所提出的弹性 ST-MPC 算法的性能，设置 FDI 攻击在每个执行间隔都对传输的控制样本 U^* 进行篡改，且使篡改后的控制输入 U_a 满足上述约束条件。

图 7-7 展示了移动机器人在不同情况下的位置调节对比。从图中可以看出，在无 FDI 攻击的情况下，经典 ST-MPC 算法驱动的系统状态轨迹最终会趋于稳定并进入终端域。然而，当经典 ST-MPC 算法在遭受到 FDI 攻击时，系统将出现不正常运行且逐渐偏离原点，如虚线所示。这也意味着经典 ST-MPC 在存在 FDI 攻击的情况下性能较差。进一步，如图 7-7 黑色实线所示，在 FDI 攻击存在的情况下，采用本章提出的能量平衡传输弹性 ST-MPC 算法，机器人可以维持正常运行且最终趋于稳定，其状态轨迹也与经典 ST-MPC 算法保持一致。

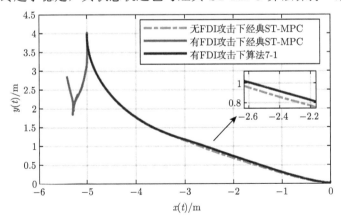

图 7-7　不同情况下机器人系统的位置调节对比

图 7-8 记录了三种情况下系统的控制输入对比，图中 $u^*(t)$ 表示无 FDI 攻

击下经典 ST-MPC 控制输入，$u_a(t)$ 表示有 FDI 攻击下经典 ST-MPC 控制输入，$u'(t)$ 为有 FDI 攻击下算法 7-1 控制输入。表 7-1 记录了所提出的算法 7-1 中每个传输控制样本包中的关键参数 β 的值。

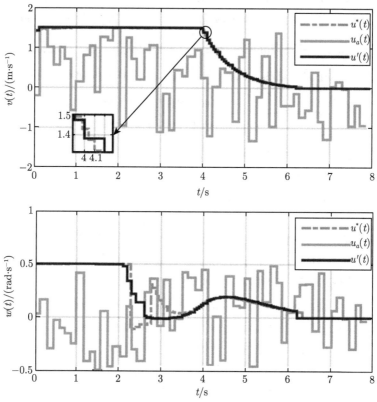

图 7-8　不同情况下机器人系统线速度和角速度对比

表 7-1　每个传输控制样本包中关键参数 β 的值

k	β	k	β
$k = 1$	1.0144	$k = 5$	0.9998
$k = 2$	1	$6 \leqslant k \leqslant 8$	1
$k = 3$	0.9998	$k = 9$	1.0024
$k = 4$	0.9996	$10 \leqslant k \leqslant 23$	1

图 7-9 展示了有 FDI 攻击的弹性 ST-MPC 算法与无 FDI 攻击的经典 ST-MPC 算法触发间隔的对比。从图 7-9 可以看出，与质量–弹簧–阻尼器系统一样，当采用所提出的弹性 ST-MPC 算法控制系统时，系统的自触发特性与经典 ST-

MPC 算法在安全网络环境下所体现的自触发特性保持一致。因此,所提出的算法 7-1 不仅能抵御 FDI 攻击,而且能使系统在存在 FDI 攻击的情况下稳定运行。

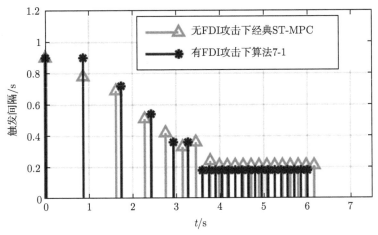

图 7-9 不同情况下机器人系统触发间隔对比

7.5 本章小结

本章针对控制系统网络安全与预测控制算法之间能量传输的矛盾,设计了一种能量平衡弹性 ST-MPC 方法。一旦网络通道受到 FDI 攻击,利用能量平衡机制分配计算资源并生成的控制输入,既能抵御 FDI 攻击,又能节省通信、计算和保护资源的消耗。此外,给出了重构参数的选取方法,并在保证一定条件成立的情况下,严格论证了相应的理论性能。最后,分别采用质量–弹簧–阻尼器和移动机器人进行 MATLAB 仿真,对比了无 FDI 攻击的经典 ST-MPC、有 FDI 攻击的经典 ST-MPC 和有 FDI 攻击的弹性 ST-MPC 三种算法控制系统的情况,通过对仿真结果进行比较与分析,验证了算法的有效性。

第 8 章 FDI 攻击下非线性系统输入重构弹性自触发预测控制

由于第 7 章提出的弹性 ST-MPC 算法在每次传输时不仅需要保护关键控制样本而且需要引入一个重点的重构参数，所以为了进一步降低资源消耗，本章提出了一种仅利用关键最优控制样本的输入重构弹性 ST-MPC 方法。具体而言，首先，设计一种仅基于关键控制样本的输入重构机制，该机制仅需对两个关键控制样本进行保护，即可在执行器端重构可行控制输入；其次，基于输入重构弹性 ST-MPC 算法，从而平衡系统安全与资源消耗之间的矛盾；最后，从理论上严格证明基于输入重构弹性 ST-MPC 算法可以确保被控系统在遭受 FDI 攻击时的理论性能，包括算法可行性和闭环系统稳定性。此外，为说明基于输入重构弹性 ST-MPC 有效性，本章以质量–弹簧–阻尼器系统和移动机器人系统为应用对象对所提算法的有效性进行仿真实验验证。

8.1 问 题 描 述

8.1.1 系统描述

考虑如下非线性连续时间系统模型：

$$\dot{x}(t) = \phi(x(t), u(t)) = f(x(t)) + g(x(t))u(t), t \geq t_0, x(t_0) = x(0) \quad (8\text{-}1)$$

式中，$x(t) \in \mathbb{R}^n$，$u(t) \in \mathbb{R}^m$，分别为系统状态和控制输入；t_0 为初始时间。控制输入 $u(t)$ 要求满足如下约束：

$$u(t) \in \mathcal{U} \subseteq \mathbb{R}^m, \quad \forall t \geq t_0 \quad (8\text{-}2)$$

并且，关于系统式（8-1）有以下常规假设成立。

假设 8-1[81,84,86] 非线性系统方程 $\phi(x, u): \mathbb{R}^n \times \mathbb{R}^m \to \mathbb{R}^n$ 满足 $\phi(0, 0) = 0$，并且存在常数 L_ϕ 使 $\|\phi(x_1, u) - \phi(x_2, u)\| \leq L_\phi \|x_1 - x_2\|$，$x \in \mathbb{R}^n$ 成立。此外，存在正常数 $L_g > 0$ 满足 $\|g(x)u\| \leq L_g \|u\|$。

系统式（8-1）为带有约束连续仿射系统，为显性处理系统约束，采用 MPC 作为其控制方法，并且将带有传感器和执行器系统的设备通过网络通道连接到至 MPC 控制器。

8.1.2 自触发模型预测控制

在每一个触发瞬间 t_k，$k \in \mathbb{N}^+$，MPC 算法基于系统式（8-1）和当前测量值 $x(t_k)$ 通过求解 OCP 获取最优控制输入 $u^*(s)$，$s \in [t_k, t_k + T_p]$，并将控制样本 $u^*(t_k)$ 作用于系统，其中 T_p 为预测时域。OCP 定义为

$$u^*(s) = \arg\min_{u \in \mathcal{U}} J(x(t_k), u) \tag{8-3}$$

s.t.

$$\begin{cases} \dot{x} = \phi(x, u), & s \in [t_k, t_k + T_p] \\ u(s) \in \mathcal{U}, & x(t_k + T_p) \in \Omega(\varepsilon_f) \end{cases} \tag{8-4}$$

式中，代价函数 $J(x(t_k), u)$ 定义如下：

$$J(x(t_k), u) = \int_{t_k}^{t_k + T_p} F(x(s), u(s)) \mathrm{d}s + V_f(x(t_k + T_p)) \tag{8-5}$$

式中，$F(x(s), u(s))$ 和 $V_f(x(t_k + T_p))$ 分别为运行代价函数和终端代价函数。

定义 8-1[81,84,86] 给定 $\varepsilon_f > 0$，终端约束集 $\Omega(\varepsilon_f)$ 定义为

$$\Omega(\varepsilon_f) = \{x(s) \in \mathbb{R}^n : V_f(x(s)) \leqslant \varepsilon_f\} \tag{8-6}$$

为了推导系统闭环稳定性，通常引入常规假设 8-2。

假设 8-2[81,84,86] 存在常数 $\varepsilon > \varepsilon_f > 0$ 和局部状态反馈控制器 $\kappa(x)$，可使

$$\frac{\partial V_f}{\partial x}(f(x) + g(x)\kappa(x)) \leqslant -F(x, \kappa(x)), \ \forall x \in \Omega(\varepsilon) \tag{8-7}$$

成立，$\varepsilon = \alpha\varepsilon_f$，$\alpha \in [0, 1]$。

备注 8-1 由于假设 8-2 中给出了局部状态反馈控制器 $\kappa(x)$，为了节省通信和计算资源，MPC 通常采用"双模"控制，即系统状态 x 一旦进入 $\Omega(\varepsilon)$，控制输入 $u(t)$ 将通过 $\kappa(x)$ 获得，不再求解 OCP。此外，由于 $\kappa(x)$ 通常被布置于系统侧，因此 $\kappa(x)$ 不需要被传输。

定义 8-2[81,84,86] 控制器控制目标是使系统式（8-1）在有限时间内到达平衡点（原点），如图 8-1 所示，即当 $t \to \infty$ 时，$x(t) \to 0$。

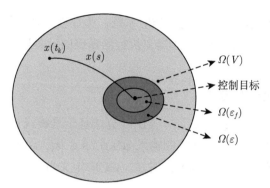

图 8-1　控制器控制目标

定义 8-3[81,84,86]　　定义一个 MPC 稳定区域 $\Omega(V) = \{x \in \mathbb{R}^n, \ J^*(x) \leqslant J_0\}$，$\Omega(\varepsilon_f) \in \Omega(V)$。$J^*(x)$ 为求解 OCP 获得的最优代价函数。

基于 $\Omega(V)$，进一步假设 $F(x, u)$ 和 $V_f(x)$ 遵循假设 8-3。

假设 8-3[81,84,86]　　存在 $\mathcal{K}_\infty$ 函数 α_1 和 α_2 满足 $F(x(s), u(s)) \geqslant \alpha_1, V_f(x(s)) \leqslant \alpha_2$。此外，$F(x, u)$ 和 $V_f(x)$ 在 $\forall x_1, x_2 \in \Omega(V)$ 上有 Lipschitz 常数 L_F 和 L_V 使

$$\|F(x_1, u) - F(x_2, u)\| \leqslant L_F \|x_1 - x_2\| \tag{8-8}$$

$$\|V_f(x_1, u) - V_f(x_2, u)\| \leqslant L_V \|x_1 - x_2\| \tag{8-9}$$

成立。

如果假设 8-1～ 假设 8-3 成立，则最优代价函数 $J^*(x)$ 在 $x \in \Omega(V)$ 上存在 Lipschitz 常数 L_J 满足 $J^*(x_1) - J^*(x_2) \leqslant L_J \|x_1 - x_2\|$。并且 L_J 满足以下关系[86]：

$$L_J = \left(\frac{L_F}{L_\phi} + L_V\right) e^{L_\phi T_p} + \frac{L_F}{L_\phi} \tag{8-10}$$

同第 7 章，将 $u^*(s)$ 离散化为 $N(N \in \mathbb{N}^+)$ 个控制样本，即控制样本包 $\mathbb{U}^*(t_k)$：

$$\mathbb{U}^*(t_k) = \left\{ u^*(t_k), u^*(t_k + \delta_1), \cdots, u^*\left(t_k + \sum_{i=1}^{N} \delta_i\right) \right\} \tag{8-11}$$

式中，$\delta_1, \delta_2, \cdots, \delta_n$ 是控制样本离散间隔；$t_k + \sum\limits_{i=1}^{n} \delta_i$ 满足 $t_k + \sum\limits_{i=1}^{n} \delta_i = t_{k+1} - t_k = \Delta_n$。$\mathbb{U}^*(t_k)$ 在触发时刻 t_k 通过网络信道发送至执行器，执行器通过 ZOH 方式应用 $\mathbb{U}^*(t_k)$ 获得实际系统状态 $x(s)$。$\mathbb{U}^*(t_k)$ 可以通过保证代价函数递减等多种方式获得[86]。在设计弹性控制器前，首先对基于 ZOH 的经典 ST-MPC 算法进行强调。

步骤 1：求解 OCP 获得 $u^*(s)$, $x^*(s)$, $s \in [t_k, t_k + T_p]$。

步骤 2：基于闭环系统稳定性分析设计自触发条件，并通过设计控制样本 $\mathbb{U}^*(t_k)$，获得最大化触发间隔的下一个触发时刻 t_{k+1}。

步骤 3：执行器在 Δ_N 内采用 ZOH 方式应用 $\mathbb{U}^*(t_k)$，并在 t_{k+1} 将实际系统状态 $x(t_{k+1})$ 传回控制器。

步骤 4：$k = k + 1$，并且返回步骤 1。

由于网络存在安全漏洞，控制样本 $\mathbb{U}^*(t_k)$ 可能被攻击者恶意篡改，导致系统不稳定，即系统会受到 FDI 攻击的威胁。

为确保被控系统可以在网络环境中稳定运行，在设计弹性控制算法之前，首先对 FDI 攻击模型进行明确。

8.1.3　FDI 攻击建模

考虑发生在 C-A 通道的 FDI 攻击。设 $\Gamma_k, k \in \mathbb{N}$ 表示发动 FDI 的时刻，$\hbar_k, \hbar_k \leqslant \Gamma_{k+1} - \Gamma_k$ 表示发动第 k 次 FDI 攻击的持续时间。基于此，所有 FDI 攻击的活化时间可以表示为

$$\propto (\Gamma_k, \hbar_k) \triangleq (\Gamma_k, \Gamma_k + \hbar_k) \tag{8-12}$$

进一步引入二维变量 $\rho(t_k)$ 来说明攻击是否有效：

$$\rho(t_k) = \begin{cases} 1, & t_k \in \propto (\Gamma_k, \hbar_k) \\ 0, & t_k \notin \propto (\Gamma_k, \hbar_k) \end{cases} \tag{8-13}$$

这里，当 $\rho(t_k) = 1$ 时表示在触发时刻 t_k 存在 FDI 攻击，并且篡改经由 C-A 通道传输的控制样本；反之，当 $\rho(t_k) = 0$ 时表示在触发时刻 t_k 不存在 FDI 攻击，执行器可以接收到真实的最优控制输入 $u^*(t_k + \Delta_i)$。基于此，执行器接收到的实际输入 $u_a(t_k + \Delta_i)$ 可以进一步改写为

$$u_a(t_k + \Delta_i) = \rho(t_k) u_f(t_k + \Delta_i) + (1 - \rho(t_k)) u^*(t_k + \Delta_i) \tag{8-14}$$

式中，$u_f(t_k + \Delta_i) \in \mathbb{R}^m$，为攻击者通过网络通道向执行器注入的恶意虚假控制样本。基于 $u_a(t_k + \Delta_i)$，存在 FDI 攻击时被控系统在每个触发时刻 t_k 实际接收到的控制样本包可定义为

$$\mathbb{U}_a(t_k) = \left\{ u_a(t_k), u_a(t_k + \delta_1), \cdots, u_a\left(t_k + \sum_{i=1}^{N} \delta_i\right) \right\} \tag{8-15}$$

系统模型可以表达为

$$\dot{x}_a(t) = \phi(x_a(t), u_a(t)) = f(x_a(t)) + h(x_a(t))u_a(t) \tag{8-16}$$

注意，如果将被篡改后的控制样本包 $\mathbb{U}_a(t_k)$ 直接应用至被控系统，系统性能将急剧下降，甚至直接失稳。为了保证系统的稳定运行，最普遍的防御措施是重点保护整个控制样本包 $\mathbb{U}^*(t_k)$，使所传输的控制样本 $u^*(t_k + \Delta_i)$ 难以被篡改，即 $\rho(t_k) \equiv 0$。但是，如果对控制样本包中的所有控制样本都进行重点的保护，不仅会增加计算资源的消耗，而且将占用大量的网络带宽，这将极大削弱 ST-MPC 的优势，甚至可能抵消 ST-MPC 所节省的带宽和计算资源[139]。因此，有必要设计一种只需要保护少量控制样本，但又能保证系统性能的弹性控制器，该控制器结构如图 8-2 所示。

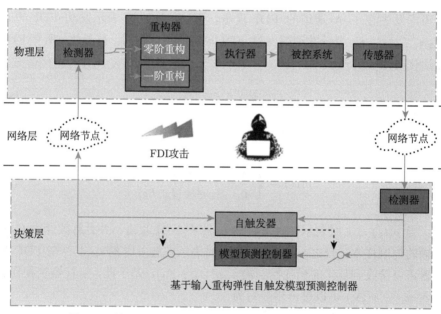

图 8-2　针对 FDI 攻击的基于输入重构弹性 ST-MPC 框图

为了实现上述目标，引入下述弹性控制器设计中的一般性假设。

假设 8-4　网络通道中的 FDI 攻击可以被执行器端的检测器检测[101,140]。

备注 8-2　注意，在开发弹性控制方法时，通常假设网络攻击能够以某种方式检测[101,140]，然后基于可检测假设，重点开发一种能够在攻击成功发起时保证系统相关性能的弹性控制器。在本章开发的弹性控制算法中，一旦在 C-A 通道的接收端检测到 FDI 攻击，重构器将重构控制输入 $u_r(s)$，并将其应用于被控系统式（8-1），以确保闭环系统在 FDI 攻击下的稳定性。此外，值得指出的是，FDI 攻击的检测可以通过多种措施来实现，如基于鲁棒过滤的方法[143]、基于极限学习的方法[144] 等。

需要说明的是，结合经典 ST-MPC 控制方法[33,81]，当系统未受到 FDI 攻击时，基于输入重构弹性 ST-MPC 将基于 $\mathbb{U}_a(t_k)$ 使用 ZOH 模式对连续控制输入进行重构；当系统受到 FDI 攻击时，由于可用于输入重构的控制样本数量显著减少，基于输入重构弹性 ST-MPC 将切换到 FOH 模式对控制输入进行重构。用于重构被攻击后控制输入的 FOH 可以通过传统的数模转换器和积分器实现。例如，Gholipour 等[145] 提供了一个 ZOH 和 FOH 组合保持器，可以通过频率切换实现 ZOH 和 FOH 的切换。

8.2 算法设计

本节提供了一种基于输入重构弹性预测控制方法，该方法可使用较少的控制样本在执行器端重构可行的连续控制输入，以削弱 FDI 攻击对被控系统的不利影响。

8.2.1 输入重构机制设计

具体而言，基于离散化后的控制样本，所提出的弹性控制方法首先确定若干关键控制样本；其次在传输过程中对这些样本给予重点保护；最后基于关键控制样本通过 FOH 模式重构可以削弱 FDI 攻击不利影响的可行控制信号。为了尽可能地减少计算资源和保护资源的消耗，所提出的方法仅对两个控制样本：$u^*(t_k)$ 和 $u^*(t_k + \Delta_c)$ 给予重点保护。首先定义被保护的控制样本为 $\mathbb{U}_M(t_k)$，然后基于 $\mathbb{U}_M(t_k)$ 和定义 8-4 获得重构控制输入 $u_r(s)$。

定义 8-4 基于关键控制样本 $u^*(t_k)$ 和 $u^*(t_k + \Delta_c)$，重构控制输入定义为

$$u_r(s) = \frac{(u^*(t_k + \Delta_c) - u^*(t_k))(s - t_k)}{\Delta_c} + u^*(t_k) \tag{8-17}$$

式中，$s \in [t_k, t_k + \Delta_c]$；$\Delta_c = \sum_{i=1}^{c} \delta_i$。

图 8-3 展示了最优控制输入 $u^*(s)$ 和采用 FOH 模式的重构控制输入 $u_r(s)$ 之间的关系。当 FDI 攻击保持静默时，基于输入重构弹性 ST-MPC 从最优控制轨迹（黑线）中选取 N 个控制样本（圆形、星形标记），然后将这些样本传输至重构器并以 ZOH 模式应用（虚线）至被控系统。当检测到 FDI 攻击时，输入重构

机制通过多个关键控制样本（星形标记）重构出一组新的可行控制输入 $u_r(s)$（点划线）。需要说明的是，当系统使用重构控制输入防御 FDI 攻击时，ST-MPC 系统的触发间隔将由 $t_k + \Delta_N$ 减小至 $t_k + \Delta_c$。但是，与 FDI 攻击可能造成的损害相比，牺牲这样的系统性能是合理的 [139]。

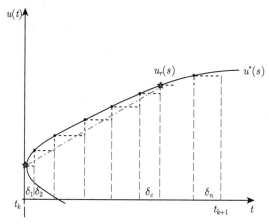

图 8-3　FDI 攻击下重构控制输入与最优控制输入示意图

给定 $u^*(s)$ 和 $x^*(s)$，相应的最优代价函数定义为 $J^*(x^*(s))$。此外，定义经重构控制输入 $u_r(s)$ 获得的重构状态为 $x_r(s)$，相应的代价为 $J^*(x_r(s))$。为了确定关键控制样本 $u^*(t_k + \Delta_c)$，首先引入引理 8-1 确定 $\|x_r(t_k + \Delta_c) - x^*(t_k + \Delta_c)\|$ 的上界。

引理 8-1　假设通过式（8-18）设计的重构控制输入从触发时刻 t_k 开始应用至系统式（8-1），则基于式（8-18）重构的控制输入 $u_r(s)$ 与求解 OCP 获得的最优控制输入 $u^*(s)$ 对应的状态误差 $\|x_r(t_k + \Delta_c) - x^*(t_k + \Delta_c)\|$ 上界值 $\mathbb{E}(\Delta_c)$ 可通过下式计算获得：

$$\mathbb{E}(\Delta_c) = \|x_r(t_k + \Delta_c) - x^*(t_k + \Delta_c)\| \leqslant L_\phi \eta(t_k + \Delta_c) e^{L_\phi \Delta_c} \tag{8-18}$$

$$\eta(t_k + \Delta_c) = \left\| \int_{t_k}^{t_k + \Delta_c} (u_r(s) - u^*(s)) \, ds \right\| \tag{8-19}$$

证明　基于系统式（8-1）可获得 $x^*(t_k + \Delta_c)$ 和 $x_r(t_k + \Delta_c)$ 的表达式分别为

$$x^*(t_k + \Delta_c) = x(t_k) + \int_{t_k}^{t_k + \Delta_c} \phi(x^*(s), u^*(s)) \, ds \tag{8-20}$$

$$x_r(t_k + \Delta_c) = x_r(t_k) + \int_{t_k}^{t_k + \Delta_c} \phi(x_r(s), u_r(s)) \, ds \tag{8-21}$$

由 $x_r(t_k) = x(t_k) = x^*(t_k)$ 可得

$$\|x_r(t_k + \Delta_c) - x^*(t_k + \Delta_c)\| = \left\| \int_{t_k}^{t_k + \Delta_c} \phi(x_r(s), u_r(s)) - \phi(x^*(s), u^*(s)) \, \mathrm{d}s \right\|$$

$$= \left\| \int_{t_k}^{t_k + \Delta_c} f(x_r(s)) + g(x_r(s)) u_r(s) - f(x^*(s)) - g(x^*(s)) u^*(s) \mathrm{d}s \right\|$$

$$(8\text{-}22)$$

此外，由于 $\phi(x(t), u(t))$Lipschitz 连续，因此式（8-22）可以递推为

$$\|x_r(t_k + \Delta_c) - x^*(t_k + \Delta_c)\|$$

$$\leqslant \int_{t_k}^{t_k + \Delta_c} L_\phi \|x_r(t_k + \Delta_c) - x^*(t_k + \Delta_c)\| \, \mathrm{d}s + L_g \left\| \int_{t_k}^{t_k + \Delta_c} [u_r(s) - u^*(s)] \mathrm{d}s \right\|$$

$$(8\text{-}23)$$

式中

$$\eta(t_k + \Delta_c) = \left\| \int_{t_k}^{t_k + \Delta_c} (u_r(s) - u^*(s)) \mathrm{d}s \right\| \tag{8-24}$$

进一步，通过引入 Gronwall-Bellman 不等式可以获得

$$\|x_r(t_k + \Delta_c) - x^*(t_k + \Delta_c)\| \leqslant L_g \eta(t_k + \Delta_c) \mathrm{e}^{L_\phi \Delta_c} \tag{8-25}$$

证毕。 □

基于定义 8-4 和引理 8-1，关键样本 $u^*(t_k + \Delta_c)$ 可通过定理 8-1 确定。

定理 8-1 若假设 8-1～ 假设 8-4 成立，并且重构控制输入 $u_r(s)$ 经由定义 8-4 重构。如果 $u^*(t_k + \Delta_c)$ 通过

$$\int_{t_k}^{t_k + \Delta_c} M(x^*(s), u^*(s)) \mathrm{d}s > \frac{L_J}{\lambda} \mathbb{E}(\Delta_c) \tag{8-26}$$

确定，那么可以确保 $J^*(x(t_{k+1}^r)) - J^*(x(t_k)) < 0$ 成立。

证明 确定 Δ_c 的条件是通过检查作为 Lyapunov 候选函数的最优代价函数是否递减设计的，即通过检查

$$J^*(x(t_{k+1}^r)) - J^*(x(t_k)) < 0 \tag{8-27}$$

是否成立确定 Δ_c。首先通过引入文献 [22] 中引理 3，可以将式（8-28）改写为

$$J^*(x^*(t_{k+1}^r)) - J^*(x(t_k)) \leqslant -\int_{t_k}^{t_{k+1}^r} F(x^*(s), u^*(s)) \, \mathrm{d}s \tag{8-28}$$

并且因为 $x^*(t_k) = x_r(t_k)$ 成立，所以可以获得

$$J^*\left(x\left(t_{k+1}^r\right)\right) - J^*\left(x\left(t_k\right)\right)$$

$$\leqslant J^*\left(x\left(t_{k+1}^r\right)\right) - J^*\left(x^*\left(t_{k+1}^r\right)\right) - \int_{t_k}^{t_{k+1}^r} F\left(x^*(s), u^*(s)\right)\mathrm{d}s \tag{8-29}$$

由于假设 8-1~ 假设 8-4 成立，所以基于 Lipschitz 常数 L_J，式（8-29）可以被重写为

$$J^*\left(x\left(t_{k+1}^r\right)\right) - J^*\left(x\left(t_k\right)\right) \leqslant L_J\|x_r(t_{k+1}^r) - x^*(t_{k+1}^r)\|$$

$$- \int_{t_k}^{t_{k+1}^r} F\left(x^*(s), u^*(s)\right)\mathrm{d}s$$

$$= L_J\mathbb{E}\left(\Delta_c\right) - \int_{t_k}^{t_{k+1}^r} F\left(x^*(s), u^*(s)\right)\mathrm{d}s \tag{8-30}$$

至此，引入一个调整参数 λ, $0 < \lambda < 1$，当

$$\lambda\int_{t_k}^{t_{k+1}^r} F\left(x^*(s), u^*(s)\right)\mathrm{d}s > L_J\mathbb{E}\left(\Delta_c\right) \tag{8-31}$$

代价函数 $J^*(\cdot)$ 可以确保在两个触发时刻是递减的。上述 $F\left(x^*(s), u^*(s)\right)$ 在触发时刻 t_k 通过求解 OCP 获得。证明完毕。　　□

　　值得注意的是，基于定义 8-4 中设计的输入重构机制可以通过选择不同 $u^*(t_k + \Delta_c)$ 获得不同的重构控制输入 $u_r(s)$。具体的，在触发时刻 t_k，基于关键控制样本 $u^*(t_k)$, $u^*(t_k + \Delta_c)$ 和时间标记 Δ_c 即可确定重构控制输入 $u_r(s), s \in [t_k, t_k + \Delta_c]$。$u^*(t_k), u^*(t_k + \Delta_c)$ 通过求解 OCP 获得。

　　由于重构控制输入 $u_r(s)$ 的值直接决定了重构状态和最优状态之间的偏差，即 $\|x_r(s) - x^*(s)\|$，因此 $u_r(s)$ 的选择将显著影响 ST-MPC 系统对 FDI 攻击的容忍能力。更具体的，如果 $\Delta_c \to N$，重构控制输入 $u_r(s)$ 将极大地偏离最优控制输入 $u^*(s)$，此时，尽管被控系统在遭受 FDI 攻击时仍有一个较大执行间隔，但是由式（8-27）可知，$J^*\left(x\left(t_{k+1}^r\right)\right) - J^*\left(x\left(t_k\right)\right) < 0$ 将不能被确保，进而算法 8-2 的可行性和闭环系统稳定性将不可被保证；此外，如果 $\Delta_c \to 1$，重构控制输入 $u_r(s)$ 将趋近于控制输入 $u^*(s)$，此时，$\|x_r(t_k + \Delta_c) - x^*(t_k + \Delta_c)\|$ 趋近于最小，并且 $J^*\left(x\left(t_{k+1}^r\right)\right) - J^*\left(x\left(t_k\right)\right) < 0$ 也将确保成立，但如此选择将会极大缩小弹性 ST-MPC 的触发间隔。因此，为了平衡上述矛盾，需要首先开发算法 8-1 来确定 $\max\Delta_c = \Delta_m$。通过使用算法 8-1 不仅可以确保被控系统在遭受 FDI 攻击时的可行性和稳定性，而且可以最大程度地提高触发间隔。

算法 8-1：确定 Δ_m 和 $\mathbb{U}_M(t_k)$

1：输入 $\mathbb{U}^*(t_k)$；
2：识别时间标记 $t_k + \Delta_i,\ i = 1, 2, \cdots, N$；
3：for $N : 1 : 1$ do
4：　　if 式（8-26）成立 then
5：　　　　break
6：　　end if
7：end for
8：$m = i$；
9：保护 $u^*(t_k)$ 和 $u^*(t_k + \Delta_i)$；
10：输出 Δ_m 和 $\mathbb{U}_M(t_k)$。

算法 8-1 可在确保定理 8-1 成立的前提下获得最大的执行间隔。需要说明的是，在 8.3 节中论证了当被控系统 C-A 通道中存在 FDI 攻击时，使用 $u^*(t_k)$ 和 $u^*(t_k + \Delta_m)$ 重构的控制输入将能够确保系统的闭环系统性。并且算法 8-1 只需重点保护两个关键控制样本，这也将极大地降低保护资源的消耗。

8.2.2　弹性自触发模型预测控制算法设计

根据算法 8-1，基于输入重构弹性 ST-MPC 算法设计如算法 8-2 所示。

算法 8-2：基于输入重构弹性 ST-MPC 算法

1：给定任意初始时间 t_k，如果 $x(t_k) \in \Omega(\varepsilon)$，则使用局部状态反馈控制器 $\kappa(x)$，否则执行以下程序；
2：while $x(t_k) \notin \Omega(\varepsilon)$ do
3：　　使用经典 ST-MPC 获得 $\mathbb{U}^*(t_k)$；
4：　　使用算法 8-1 获得 $\mathbb{U}_M(t_k)$；
5：　　传输 $\mathbb{U}_M(t_k)$ 至执行器；
6：　　if $t_k \notin \propto (\Gamma_k, \hbar_k)$ then
7：　　　　以 ZOH 模式应用 $\mathbb{U}_M(t_k)$；
8：　　else if $t_k \in \propto (\Gamma_k, \hbar_k)$ then
9：　　　　if $m = 1$ then
10：　　　　　以 ZOH 模式应用 $\mathbb{U}_M(t_k)$；
11：　　　　else if $m > 1$ then
12：　　　　　使用式（8-17）重构控制输入 $u_r(s)$；
13：　　　　　以 ZOH 模式应用 $u_r(s)$ 直到 $t_k + \Delta_m$；
14：　　　　end if
15：　　end if
16：　　传输 $x(t_{k+1})$ 到控制器；
17：end while
18：返回至第 1 步。

算法 8-2 中涉及的主要参数有 $\kappa(x)$、$\Omega(\varepsilon)$、λ、m。具体地，$\kappa(x)$ 可通过文献 [90] 中 LQR 方法进行设计；$\Omega(\varepsilon)$ 可以基于式（8-7）确定；$\lambda \in (0,1)$ 的选

择可以平衡弹性控制器性能与资源消耗之间的矛盾，即通过减小 λ，可以加强算法 8-2 的控制性能，通过增大 λ，算法 8-2 可以节省更多的保护和通信资源。此外，当给定一个确定的 λ，$\lambda \in (0,1)$，可以通过算法 8-1 确定 m。

算法 8-2 中关键步骤说明如下。步骤 1：当系统状态 $x(s)$ 位于终端域 $\Omega(\varepsilon)$ 时，使用局部状态反馈控制器 $\kappa(x)$ 稳定系统，否则，通过算法 8-2 中步骤 2~17 对系统进行控制；步骤 3：如果 $x(t_k) \notin \Omega(\varepsilon)$，通过求解 OCP 获得最优控制样本 $\mathbb{U}^*(t_k)$；步骤 4：基于算法 8-1 获得需要被重点保护的控制样本；步骤 7：如果前向网络通道并未受到 FDI 攻击，重构器将使用基于控制样本 $\mathbb{U}_M(t_k)$ 重构的控制输入来保证系统稳定；步骤 9~13：如果前向网络通道遭受到 FDI 攻击，首先基于 $\mathbb{U}_M(t_k)$ 获得 m，然后使用重构控制输入 $u^*(t_k)$ 或 $u_r(s)$ 驱动被控系统，直到系统状态进入终端域 $\Omega(\varepsilon)$。

8.3　理 论 分 析

这一节将对基于输入重构弹性 ST-MPC 算法的可行性和被算法 8-2 驱动的闭环系统稳定性进行分析。

8.3.1　迭代可行性分析

本节将通过定理 8-2 获得算法 8-2 的可行性，作为证明定理 8-2 的预备知识，首先论证引理 8-2。

引理 8-2　如果在触发时刻 t_k 通过求解 OCP 获得的最优控制输入 $u^*(s)$ 满足输入约束 $\mathcal{U}$ 且 $\dot{u}^*(s) \leqslant K_u$，那么重构控制输入 $u_r(s)$ 也满足输入约束 $\mathcal{U}$ 且 $\dot{u}_r(s) \leqslant K_u$。

证明　首先因为 $\|u^*(s)\| \leqslant u_{\max}$，所以可以获得 $\|u_r(s)\| \leqslant u_{\max}$。此外又因为 $\|\dot{u}^*(s)\| \leqslant K_u$，所以

$$\left\| \int_{t_k}^{t_k+\Delta_c} \dot{u}^*(s)\mathrm{d}s \right\| \leqslant \int_{t_k}^{t_k+\Delta_c} \|\dot{u}^*(s)\|\mathrm{d}s \leqslant K_u \Delta_c \tag{8-32}$$

因此可以得到

$$\left\| \frac{u^*(t_k+\Delta_c) - u^*(t_k)}{\Delta_c} \right\| = \|\dot{u}_r(s)\| \leqslant K_u \tag{8-33}$$

引理 8-2 证毕。　　　　　　　　　　　　　　　　　　　　　　　　　　□

定理 8-2　如果包含式（8-3）～ 式（8-5）所述 OCP 的初始经典 ST-MPC 算法可行，那么算法 8-2 在 8.1.2 小节所述的 FDI 攻击模型下也是可行的。

证明 首先,由引理 8-2 可知重构控制输入 $u_r(s)$ 满足约束条件 $\mathcal{U}$ 且 $\dot{u}_r(s) \leqslant K_u$。

其次，因为初始经典 ST-MPC 算法是可行的，所以经典 ST-MPC 算法在触发时刻 t_k 存在着一组可行解，意味着基于输入重构弹性 ST-MPC 算法存在一个最小的执行间隔 $\check{\lambda} \triangleq t_{k+1}^r - t_k = \Delta_1 = \Delta_m$。因此，基于输入重构弹性 ST-MPC 算法的可行性分析可分为以下两种情况：① $m = 1$，算法 8-2 的可行性可直接使用已有结果证明[33]；② $m > 1$，算法 8-2 的可行性可通过以下分析获得。

因为算法 8-2 在触发时刻 t_k 可行，并且 $x^*(t_k) = x_r(t_k) \in \Omega(V)$，所以存在：

$$J^*(x(t_k)) \leqslant J_0 \tag{8-34}$$

基于式（8-30）和式（8-31）可以获得

$$J^*(x(t_{k+1}^r)) - J^*(x(t_k)) < (\lambda - 1) \int_{t_k}^{t_{k+1}^r} F(x^*(s), u^*(s)) \mathrm{d}s \triangleq \delta_f \tag{8-35}$$

又因为 $\delta_f < 0$，所以可以得到

$$J^*(x(t_{k+1}^r)) < J^*(x(t_k)) < J_0 \tag{8-36}$$

这意味着

$$x_r(t_{k+1}) \in \Omega(V) \tag{8-37}$$

成立。

因此，基于输入重构的弹性 ST-MPC 算法在 t_{k+1} 是可行的。

定理 8-2 证明完毕。 □

8.3.2 稳定性分析

本节将给出保证闭环系统稳定性的充分条件。

定理 8-3 若假设 8-1～ 假设 8-4 成立，给定被控系统式（8-1），考虑 8.1.3 小节所述的 FDI 攻击模型。如果算法 8-2 被使用，那么对于任意的初始状态 $x(t_k) \in \Omega(V)/\Omega(\varepsilon)$ 有 $t \to \infty$, $x(t) \to 0$ 成立。

证明 为确保被控系统稳定性，考虑下述两类情况。

（1）如果 $m = 1$，被控系统采用 ZOH 模式重构并应用最优控制输入 $u^*(t_k)$ 直到 $t_k + \Delta_1$。因为 $u^*(t_k)$ 和 $t_k + \Delta_1$ 是通过经典 ST-MPC 算法获得的最优值，所以被控系统是稳定的。

（2）如果 $m > 1$，被控系统采用 FOH 模式重构并应用重构控制输入 $u_r(s)$ 直到 $t_{k+1}^r = t_k + \Delta_m$。此时，系统稳定性结果将通过反证法给出。具体而言，首先假设从 $x(t_0) \in \Omega(V)/\Omega(\varepsilon)$ 开始系统状态位于终端域 $\Omega(\varepsilon)$ 外，并且将一直位于

终端域 $\Omega(\varepsilon)$ 外，即当 $t \to \infty$ 时，系统状态 x 在重构控制输入驱动下始终无法进入终端域 $\Omega(\varepsilon)$。然后通过论证该假设不成立，从而证明即使前向网络通道存在 FDI 攻击，被控系统在算法 8-2 控制下依然可以稳定运行。

首先，将式（8-31）代入式（8-30）可得

$$J^*\left(x\left(t_k^r\right)\right) - J^*\left(x\left(t_{k-1}\right)\right) < (\lambda - 1) \int_{t_{k-1}}^{t_k^r} F\left(x^*(s), u^*(s)\right) \mathrm{d}s \tag{8-38}$$

并且因为存在 $\Delta_m > \Delta_1 > 0$，所以可以推出

$$J^*\left(x\left(t_k^r\right)\right) - J^*\left(x\left(t_{k-1}\right)\right) < (\lambda - 1) \int_{t_{k-1}}^{t_{k-1}+\Delta_m} F\left(x^*(s), u^*(s)\right) \mathrm{d}s \tag{8-39}$$

基于假设 8-3 和 $x(t_{k-1}^r + \xi) \in \Omega(V)/\Omega(\varepsilon)$，$0 < \xi < \Delta_m$，可以得到

$$\varepsilon_f < V_f(x(t_{k-1}^r + \xi)) \leqslant \alpha_2(\|t_{k-1}^r + \xi\|) \tag{8-40}$$

$$\alpha_2^{-1}(\varepsilon_f) < \|x(t_{k-1}^r + \xi)\| \tag{8-41}$$

因此，有

$$F\left(x^*(s), u^*(s)\right) \geqslant \alpha_1\left(\|x(t_{k-1}^r + \xi)\|\right) > \alpha_1\left(\alpha_2^{-1}(\varepsilon_f)\right) \tag{8-42}$$

成立。进一步，式（8-39）可以推导为

$$J^*\left(x\left(t_k^r\right)\right) - J^*\left(x\left(t_{k-1}\right)\right)$$

$$< (\lambda - 1) \int_{t_{k-1}}^{t_{k-1}+\Delta_m} \alpha_1\left(\alpha_2^{-1}\left(\varepsilon_f\right)\right) \mathrm{d}s$$

$$= -(1-\lambda)\alpha_1\left(\alpha_2^{-1}\left(\varepsilon_f\right)\right) \Delta_m \triangleq -\ell \tag{8-43}$$

因此，有

$$\begin{cases} J^*\left(x\left(t_k\right)\right) - J^*\left(x\left(t_{k-1}\right)\right) < -\ell \\ J^*\left(x\left(t_{k-1}\right)\right) - J^*\left(x\left(t_{k-2}\right)\right) < -\ell \\ \qquad\qquad\vdots \\ J^*\left(x\left(t_1\right)\right) - J^*\left(x\left(t_0\right)\right) < -\ell \end{cases} \tag{8-44}$$

对式（8-44）两边同时求和可得

$$J^*\left(x\left(t_k\right)\right) < -k\ell + J^*\left(x\left(t_0\right)\right) < -k\ell + J_0 \tag{8-45}$$

式 (8-45) 中 J_0 已在定义 8-3 中给出。

由式（8-45）可知，当 $k \to \infty$ 时 $J^*(x(t_k)) \to -\infty$，这与 $J^*(x(t_k)) > 0$ 的事实相矛盾，所以上述假设不成立。因此，系统状态 $x(s)$ 将在有限时间内进入 $\Omega(\varepsilon)$。

当系统状态 $x(s)$ 进入 $\Omega(\varepsilon)$ 后，局部状态反馈控制器 $\kappa(x)$ 将被使用去稳定系统，这意味着当 $t \to \infty$ 时，$x(t) \to 0$。

定理 8-3 证明完毕。 □

8.4 仿 真 验 证

8.4.1 质量–弹簧–阻尼器系统

首先考虑 3.4.1 小节质量–弹簧–阻尼器系统对本章所提算法的有效性进行仿真验证，其运动学模型为

$$
\begin{cases}
\dot{x}_1(t) = x_2(t) \\
\dot{x}_2(t) = -\dfrac{k}{M_c} \mathrm{e}^{-x_1(t)} x_1(t) - \dfrac{h_d}{M_c} x_2(t) + \dfrac{v(t)}{M_c}
\end{cases}
\tag{8-46}
$$

式中，$x_1(t)$ 和 $x_2(t)$ 分别为质量块位移和速度；$v(t)$ 为输入矩阵。系统中涉及的参数分别为 $M_c = 1.25\mathrm{kg}$，$k = 0.9\mathrm{N} \cdot \mathrm{m}^{-1}$，$h_d = 0.42\mathrm{N} \cdot \mathrm{s} \cdot \mathrm{m}^{-1}$ 并且输入约束为 $v(t) \in [-1.8\mathrm{N}, 1.8\mathrm{N}]$；运行和终端代价函数分别为 $F = \chi^{\mathrm{T}} Q \chi + v^{\mathrm{T}} R v$，$V_f = \chi^{\mathrm{T}} P \chi$；相关权重矩阵选择为

$$
Q = \begin{bmatrix} 0.1028 & 0 \\ 0 & 0.1028 \end{bmatrix},\ R = [0.1],\ P = \begin{bmatrix} 0.1692 & 0.0572 \\ 0.0572 & 0.1391 \end{bmatrix}
$$

局部状态反馈矩阵为 $\kappa(x) = [-0.4454, -1.0932]$ 其设计参数为 $\varepsilon = 0.1078$。以经典 ST-MPC 算法[33] 作为对比，其中控制样本数 N 设置为 6，调整参数 $\sigma = 0.99$。此外，算法 8-2 中使用的参数设置为 $\lambda = 0.99$，$T_p = 3.25\mathrm{s}$。给定系统初始状态为 $[1.4\mathrm{m}, 1.2\mathrm{m} \cdot \mathrm{s}^{-1}]^{\mathrm{T}}$，以质量–弹簧–阻尼器系统式 (8-46) 的平衡点 $[0,0]^{\mathrm{T}}$ 为控制目标。

在相同的配置环境下，FDI 攻击将恶意篡改所有控制样本。考虑到攻击者会采用各种恶意篡改手段对最优控制样本 $\mathrm{U}^*(t_k)$ 进行篡改，但无论采用何种篡改手段最后导致的结果都是使 $v_a(\cdot)$ 偏离原始控制样本 $v^*(\cdot)$，所以在此仿真中采用

的攻击手段为将传输包 $\mathbb{U}^*(t_k)$ 中的每一组控制样本 $u^*(\cdot)$ 随机恶意篡改为满足 $\|\nu\| \leqslant \bar{\nu} = 1.8\mathrm{N}$ 的任意值。

　　为了表明所提出的基于输入重构弹性 ST-MPC 算法的有效性，图 8-4 和图 8-5 分别用虚线、灰色实线、黑色实线描绘了无 FDI 攻击时经典 ST-MPC 算法、有 FDI 攻击时经典 ST-MPC 算法、有 FDI 攻击时算法 8-2 控制的移动机器人系统的位移和速度对比。

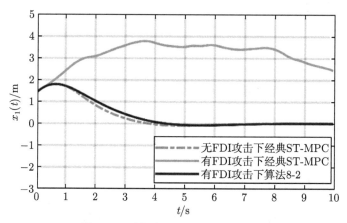

图 8-4　系统式（8-46）的位移对比

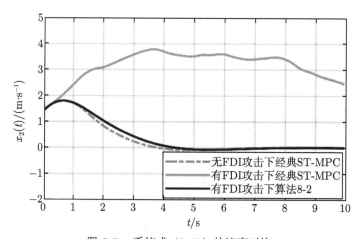

图 8-5　系统式（8-46）的速度对比

　　同图 8-4 和图 8-5，图 8-6 给出了不同情况下的控制输入，图 8-7 使用颈状图展示了无 FDI 攻击下经典 ST-MPC 算法和有 FDI 攻击下算法 8-2 的触发间隔对比情况。

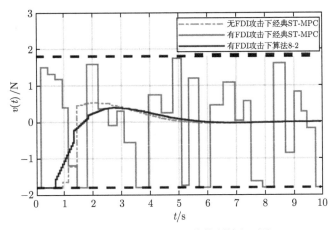

图 8-6　系统式（8-46）的控制输入对比

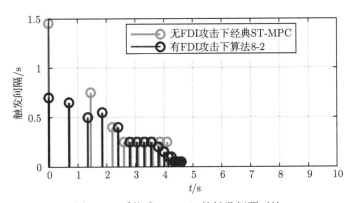

图 8-7　系统式（8-46）的触发间隔对比

表 8-1 对比了有 FDI 攻击下经典 ST-MPC 算法和基于输入重构弹性 ST-MPC 算法平均触发时间对比。需要强调的是，本节中提及的平均触发间隔计算公式为 T_Y/W，其中 T_Y 为被控系统在进入终端域 $\Omega(\varepsilon)$ 前的总运行时间，W 为触发次数。

表 8-1　系统式（8-46）平均触发时间对比

算法	平均触发时间/s
经典 ST-MPC	0.4350
算法 8-2	0.2447

由图 8-4 和图 8-5 可以看出，被控系统式（8-1）在算法 8-2 控制下即使前向网络通道中所传输的控制样本被 FDI 攻击篡改，算法 8-2 依然可以利用输入重构

机制保证被控系统稳定运行，但经典 ST-MPC 所传输的控制样本一旦被 FDI 攻击篡改，系统运行轨迹即会偏离原始经典 ST-MPC 运行轨迹，并在给定时间内无法使系统趋于稳定。通过图 8-6 也可以看出 FDI 攻击下使用关键控制样本重构的可行控制输入不仅接近于经典 ST-MPC 的控制输入而且依然满足系统输入约束。此外，结合表 8-1 和图 8-7 可以看出算法 8-2 在仅触发 19 次的情况下依然可以保证被控系统在 FDI 攻击下的稳定性，因此相比经典 ST-MPC 算法，算法 8-2 不仅有效削弱了 FDI 攻击对被控系统的影响而且维持了 56.3% 的自触发性能。这说明基于输入重构弹性 ST-MPC 算法可以在抵御 FDI 攻击前提下保持较好的控制性能及资源利用率。

8.4.2　移动机器人系统

为进一步论证基于输入重构弹性 ST-MPC 算法的有效性，本节考虑移动机器人系统对所提出的基于输入重构弹性 ST-MPC 算法有效性进行了验证，其运动学模型如下：

$$
\begin{bmatrix} \dot{x}(t) \\ \dot{y}(t) \\ \dot{\theta}(t) \end{bmatrix} = \begin{bmatrix} \cos\theta(t) & 0 \\ \sin\theta(t) & 0 \\ 0 & 1 \end{bmatrix} \begin{bmatrix} v(t) \\ \omega(t) \end{bmatrix}
\tag{8-47}
$$

式中，x、y 和 θ 是小车的 3 个状态；v 和 ω 分别表示线速度和角速度的控制输入。为直观表述，进一步将系统定义为 $\dot{\chi}(t) = \phi(\chi(t), u(t))$，这里 $\chi(t) = [x, y, \theta]^{\mathrm{T}}$，$u(t) = [v, \omega]^{\mathrm{T}}$。系统输入约束为 $\|v\| \leqslant \bar{v} = 1.5\mathrm{m \cdot s^{-1}}$，$K_u = 1.0$，$\|\omega\| \leqslant \bar{\omega} = 0.5\mathrm{rad \cdot s^{-1}}$，并且运行代价函数和终端代价函数分别为 $F = \chi^{\mathrm{T}} Q \chi + u^{\mathrm{T}} R u$ 和 $V_f = \chi^{\mathrm{T}} \chi$，这里 $Q = 0.1I_3$，$R = 0.05I_2$。此外，算法中其他参数设置为预测时域 $T_p = 2\mathrm{s}$，采样时间 0.04s，调整参数 $\sigma = 0.99$，$N = 6$。在相同的配置环境下，FDI 攻击恶意篡改所有控制样本，且攻击原则与 8.4.1 小节一致，即将控制样本 $u^*(\cdot)$ 随机恶意篡改为满足 $\|v\| \leqslant \bar{v} = 1.5\mathrm{m \cdot s^{-1}}$ 和 $\|\omega\| \leqslant \bar{\omega} = 0.5\mathrm{rad \cdot s^{-1}}$ 的任意值。算法 8-2 使用的常数设置为：$L_\phi = \sqrt{2}\bar{v}$，$L_g = 1.0$，$\lambda = 0.99$，$\varepsilon = 0.4$。

设定 $\left[-3\mathrm{m}, 3\mathrm{m}, -\frac{\pi}{2}/\mathrm{rad} \right]^{\mathrm{T}}$ 为起始位置，考虑机器人位置调节问题 (不考虑方向调节)[132,141] 在经典 ST-MPC 算法 [86] 和所设计的算法 8-2 驱动下，移动机器人系统的状态轨迹如图 8-8所示。其中黑色实线为经典 ST-MPC 算法在遭受到 FDI 攻击时的状态轨迹；虚线为经典 ST-MPC 算法在未遭受 FDI 攻击时的最优状态轨迹；灰色实线为基于输入重构弹性 ST-MPC 算法在遭受到 FDI 攻击时的重构状态轨迹。相应的控制输入如图 8-9 所示。

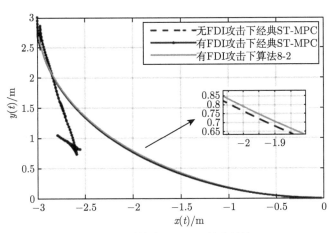

图 8-8　系统式（8-47）状态轨迹

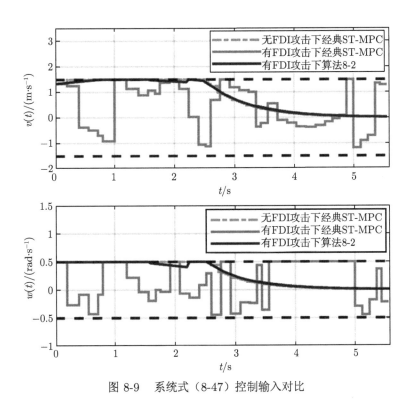

图 8-9　系统式（8-47）控制输入对比

表 8-2 记录了控制器在每次传输控制样本时需要保护的关键控制样本 $u^*(t_k+$

Δ_m)，表 8-3 比较了算法 8-2 遭受 FDI 攻击时和经典 ST-MPC 未遭受 FDI 攻击时被控系统进入终端域 $\Omega(\varepsilon)$ 前的平均触发时间。

表 8-2 需要保护第 m 个控制样本

K	m	K	m	K	m	K	m
$K = 1$	5	$2 \leqslant K \leqslant 3$	6	$K = 4$	4	$K = 5$	6
$K = 6$	5	$K = 7$	3	$8 \leqslant K \leqslant 9$	2	$10 \leqslant K \leqslant 65$	1

表 8-3 系统式（8-47）平均触发时间对比

算法	平均触发时间 /s
经典 ST-MPC	0.5333
算法 8-2	0.4571

值得注意的是，如图 8-8 所示，算法 8-2 控制下，移动机器人系统在遭受 FDI 攻击时不仅依然可以保持稳定，而且其运行轨迹（灰色实线）也接近于经典 ST-MPC 未遭受 FDI 攻击时的最优轨迹（虚线）。但是，当攻击者向受经典 ST-MPC 控制的机器人系统注入虚假数据后，系统将失去稳定性（黑色实线），最终偏离运行平衡点。此外，结合图 8-10 触发间隔对比和表 8-3 可以发现，对比经典 ST-MPC 控制下正常运行的系统，算法 8-2 控制下，虽然机器人系统触发次数有所增加，但是平均触发时间降低 14%。

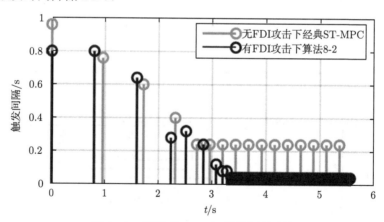

图 8-10 系统式（8-47）触发间隔对比

8.5 本 章 小 结

本章针对受到 FDI 攻击的网络化 ST-MPC 系统，提出了一种基于输入重构弹性 ST-MPC 算法。首先，设计了一种基于关键样本的控制输入重构方法。其次，在兼顾网络安全和触发性能的原则下，设计了需要重点保护控制样本的选取方法，并从理论上证明了系统的相关性能。最后，基于质量–弹簧–阻尼器系统和移动机器人系统进行了仿真实验验证。结果表明，采用输入重构弹性 ST-MPC 算法的被控系统遭受 FDI 攻击时不仅依然能够保持系统稳定，而且拥有理想的触发性能。

第 9 章　Replay 攻击下非线性系统输入重构弹性自触发预测控制

本章针对非线性 CPS，提出一种可抵御 Replay 攻击的输入重构弹性 ST-MPC 算法。首先，结合经典 ST-MPC 非周期采样特征构建了 Replay 攻击模型，以明确 Replay 攻击下经典 ST-MPC 系统安全机理。其次，通过分析 Replay 攻击特征设计了基于关键控制样本的输入重构机制，以保证被控系统在遭受 Replay 攻击时可快速重构可行控制输入。基于输入重构机制开发了弹性 ST-MPC 算法，以平衡网络安全和资源受限的矛盾。再次，给出了关键样本选取原则和保证 Replay 攻击下所提算法的可行性和闭环稳定性条件并进行了严格理论分析。最后，通过移动机器人系统验证了所开发弹性控制方法的有效性。

9.1　问　题　描　述

9.1.1　自触发模型预测控制

考虑如下所述非线性连续时间输入仿射系统：

$$\dot{x} = \phi(x, u) = f(x) + g(x)u \tag{9-1}$$

其中，$x \in R_n$ 为系统状态；$u \in R_m$ 为控制输入。U 描述为控制输入约束集，定义为 $U = \{u(s) \in R^m : ||u(s)|| \leqslant u_{\max}, ||\dot{u}(s)|| \leqslant K_u\}$。此外，系统式（9-1）满足假设 9-1。

假设 9-1　系统 $\phi(x, u)$ 对 $x \in R_n$ Lipschitz 连续，且存在 Lipschitz 常数 L_ϕ。

为解析处理式（9-1）中输入约束，采用 MPC 作为控制器。给定代价函数 $J[x(t_k), u] = \int_{t_k}^{t_k+T_p} F[x(s), u(s)] + V_f[x(t_k + T_p)]\mathrm{d}s$，MPC 的 OCP 定义如下：

$$\min_u J\left[x\left(t_k\right), u\right] = \int_{t_k}^{t_k+T_p} F[x(s), u(s)]\mathrm{d}s + V_f\left[x\left(t_k + T_p\right)\right] \tag{9-2}$$

$$\text{s.t.} \quad \dot{x} = \phi(x, u), \ s \in [t_k, t_k + T_p] \tag{9-3}$$

$$u(s) \in U \tag{9-4}$$

$$x(t_k + T_p) \in \Omega(\varepsilon_f) \tag{9-5}$$

式中，序列 $\{t_k, t_{k+1}, \cdots\}$ 为 MPC 的采样时间；T_p 为预测时域；$F[x(s), u(s)]$ 表示运行代价函数；$V_f(x)$ 表示终端代价函数；$\Omega(\varepsilon_f)$ 为终端域，定义为

$$\Omega(\varepsilon_f) = \{x(s) \in R_n : V_f[x(s)] \leqslant \varepsilon_f\} \tag{9-6}$$

式中，$\varepsilon_f > 0$，且 $\Omega(\cdot)$ 满足以下假设。

假设 9-2 给定 $\Omega(\varepsilon_f)$，存在局部状态反馈控制器 $\kappa(x) \in U$，满足：

$$\frac{\partial V_f}{\partial x}[f(x) + g(x)\kappa(x)] \leqslant -F[x, \kappa(x)] \tag{9-7}$$

值得注意的是，定义 $J^*(x)$ 为通过求解 OCP 得到的最优代价函数，设以下区域为 MPC 稳定区域：

$$\Omega_V = \{x \in R_n, \ J^*(x) \leqslant J_0\} \tag{9-8}$$

式中，J_0 可由系统性能获得 [86]，且 $\Omega(\varepsilon_f) \in \Omega_V$。

需要说明的是，基于上述方法设计的 MPC 策略目的是在有限的时间内将系统从初始状态 $x_0 \in \Omega(\varepsilon_f)/\Omega_V$ 驱动至终端域 $\Omega(\varepsilon_f)$，并在此之后使用反馈控制器控制系统，从而构成"双模"MPC 策略。为推导系统闭环性能，进一步假设 F 和 V_f 满足以下条件。

假设 9-3 存在 α_1 和 α_2 满足 $F(x,u) \geqslant \alpha_1(\|x\|)$，以及 $V_f(x) \leqslant \alpha_2(\|x\|)$，其中 α 是 K_∞ 函数。此外，$F(x,u)$ 和 $V_f(x)$ 对 $x \in \Omega_V$ Lipschitz 连续，且存在 Lipschitz 常数 L_F 和 L_{V_f}，满足 $0 < L_F < \infty$，$0 < L_{V_f} < \infty$。

基于上述设置，MPC 在采样时刻 t_k 通过求解式 (9-2) 可获得最优控制输入 $u^*(s)$ 和最优状态轨迹 $x^*(s)$，其中 $s \in [t_k, t_k + T_p]$；然后仅将当前时刻最优控制输入 $u^*(t_k)$ 应用至被控系统并在下一个采样时刻重复上述过程。

为了降低周期性 MPC 由于频繁求解 OCP 和数据传输所产生的不必要资源消耗，平衡控制性能与资源消耗之间的冲突，基于自触发机制所开发的 ST-MPC 被广泛关注。ST-MPC 优势在于可在当前触发时刻 t_k 主动预测下一次触发时刻 t_{k+1}，并将 $u^*(s)$，$s \in [t_k, \ t_{k+1}]$ 连续应用至被控系统直至下一个触发时刻 t_{k+1}。需要说明的是，由于传输连续控制输入 $u^*(s)$ 需要无限网络带宽，因此在实际应用中需要将 $u^*(s)$ 离散为 N 个输入样本 U^*，即

$$U^* = \{u^*(t_k), \cdots, u^*(t_k + \delta_i), \cdots, u^*(t_k + \Delta_n)\} \tag{9-9}$$

其中，$\Delta_n = \sum_{i=1}^{N} \delta_i < T_p,\ 1 \leqslant n \leqslant N$。在触发时刻 t_k 和 $t_k + \sum_{i=1}^{N} \delta_i$ 之间，执行器在 ZOH 模式下应用 U^*。

9.1.2　Replay 攻击建模

经典 ST-MPC 算法 [77-86] 采用的非周期采样机制虽然能够有效降低系统资源消耗，但同时也会面临 CPS 所遭受的各类网络攻击，尤其是隐匿性较高的 Replay 攻击。因此，为了分析 Replay 攻击对系统的影响并开发相应弹性控制机制，首先需结合 ST-MPC 算法非周期采样机理构建如下 Replay 攻击模型。设系统在 t_g 时刻遭受攻击，相应的模型如下。

（1）攻击者仅重放 t_g 时刻控制输入：

$$u_{a1}(s) = u_{a1}(t_k) = \begin{cases} u^*(s), & 0 < s < t_g \\ u^*(t_g), & t_g \leqslant s < t_{k+1} \end{cases} \tag{9-10}$$

（2）攻击者重放初始时刻至 t_g 时刻一组控制输入：

$$u_{a2}(t_k) = \begin{cases} u^*(t_k), & 0 < t_k < t_g \\ u^*(t_0 + \Delta_{k-g}), & t_g \leqslant t_k < t_{k+1} \end{cases} \tag{9-11}$$

系统受到上述两种恶意攻击后，定义 U_{a1} 和 U_{a2} 分别为执行器在两种攻击模式下实际获得的控制样本：

$$U_{a1} = \{u_a(t_0), u_a(t_0 + \Delta_1), \cdots, u_a(t_g), u_a(t_g), \cdots\} \tag{9-12}$$

$$U_{a2} = \{u_a(t_0), u_a(t_0 + \Delta_1), \cdots, u_a(t_0 + \Delta_{k-g}), \cdots\} \tag{9-13}$$

如果直接将 U_{a1} 或 U_{a2} 应用到被控系统，系统性能将无法得到保证甚至直接导致系统失稳。因此，需要结合所构建攻击模型，提出一种应对 Replay 攻击的基于输入重构弹性 ST-MPC 算法以保证系统安全。为了实现这一目标，提出假设 9-4。需要说明的是，假设 9-4 通常存在于弹性控制策略之中，这是因为弹性控制主要目的是解决系统攻击响应问题 [101,140]。

假设 9-4　控制系统可以有效地检测网络通道中的 Replay 攻击。

9.2　算 法 设 计

本章开发了一种可使 CPS 在遭受 Replay 攻击后稳定运行的弹性策略，所设计的弹性控制策略主要包括以下关键步骤：①基于预设的输入重构模型和关键重构参数求解方案获得关键重构参数 K；②通过前向网络通道将重构参数 K 和自触发样本 U^* 传输给执行器；③当前向网络通道中存在 Replay 攻击时，基于参数 K 和预设的输入重构机制重构可行的控制样本，并将其应用至被控系统，从而确保 Replay 攻击下系统稳定性，否则将 U^* 应用至被控系统。基于此，首先建立控制样本输入重构机制。

9.2.1 输入重构机制设计

若系统在 t_g 时刻受到 Replay 攻击，执行器基于控制样本 U_a 和重构参数 K 重构的连续控制输入 $u'(s)$ 可表示为

$$u'(s) = \frac{[u^*(t_q) - u^*(t_0)]}{t_q - t_0}(s - t_0) + u^*(t_0) - Ks, \quad s \in [t_g, t_0 + \Delta_n] \qquad (9\text{-}14)$$

其中，$t_q = t_{g-1}$；K 是一个被设计的重构参数，可通过求解式（9-32）获得。基于式（9-14）将系统被攻击后应用的实际重构控制输入定义为式（9-15）：

$$U' = \{u^*(t_0), \cdots, u^*(t_q), u'(t_g), \cdots, u'(t_k + \Delta_n)\} \qquad (9\text{-}15)$$

将式（9-15）应用于系统可获得实际状态 $x'(s)$。

图 9-1 是不同条件下的控制输入示意图。三角形标记的曲线 $u^*(s)$ 为 t_k 时刻求解 OCP 得到的最优解，三角形为通过经典 ST-MPC 算法在 $u^*(s)$ 选取的 N 个控制样本。叉形标记的曲线 $u_{a1}(s)$ 为系统遭受第一种 Replay 攻击后的控制曲线。星形标记的曲线 $u_{a2}(s)$ 为系统遭受第二种 Replay 攻击后的控制曲线。菱形标记的

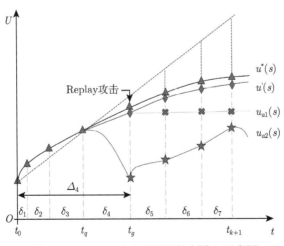

图 9-1　Replay 攻击下不同控制输入示意图

曲线 $u'(s)$ 表示重构的控制输入曲线，菱形表示重构的新控制样本点。值得注意的是 $t_g = t_q + \delta_4$。

9.2.2　弹性自触发模型预测控制算法设计

在给出重构参数 K 求解方案之前，首先需确定控制样本由 $u^*(s)$ 重构为 $u'(s)$ 时，系统状态误差的解析上界，具体结果如引理 9-1 所示。

引理 9-1　令 $t_k + \Delta_{G+1} = t_g$，如果重构控制输入 U' 从触发时刻 t_k 开始应用至系统，则基于重构控制输入 U' 与求解 OCP 获得的最优控制输入 $u^*(s)$ 所对应的状态误差 $||x(t_k + \Delta_i) - x^*(t_k + \Delta_i)||$ 上界 $E(\Delta_i)$ 可通过下式计算获得。

当 $i = 1$：

$$E(\Delta_1) = ||x(t_k + \Delta_1) - x^*(t_k + \Delta_1)|| \leqslant L_G \Delta u(t_k + \delta_1) \mathrm{e}^{L_\phi \delta_1} \tag{9-16}$$

当 $1 < i \leqslant G$：

$$E(\Delta_i) = ||x(t_k + \Delta_i) - x^*(t_k + \Delta_i)|| \leqslant E(\Delta_{i-1}) \mathrm{e}^{L_\phi \delta_i} + L_G \Delta u(t_k + \delta_i) \mathrm{e}^{L_\phi \delta_i} \tag{9-17}$$

其中，

$$\Delta u(t_k + \delta_i) = \left\| \int_{t_k + \delta_{i-1}}^{t_k + \delta_i} u(t_k + \Delta_{i-1}) - u^*(s) \mathrm{d}s \right\| \tag{9-18}$$

当 $G < i \leqslant N$：

$$E(\Delta_i) = ||x'(t_k + \Delta_i) - x^*(t_k + \Delta_i)|| \leqslant E(\Delta_{i-1}) \mathrm{e}^{L_\phi \delta_i} + L_G \Delta q(t_k + \delta_i) \mathrm{e}^{L_\phi \delta_i} \tag{9-19}$$

其中，

$$\Delta q(t_k + \delta_i) = \left\| \int_{t_k + \delta_{i-1}}^{t_k + \delta_i} u'(t_k + \Delta_{i-1}) - u^*(s) \mathrm{d}s \right\| \tag{9-20}$$

证明　（1）对于 $i = 1$，$s \in [t_k, t_k + \delta_1]$，

$$x(t_k + \delta_1) = x(t_k) + \int_{t_k}^{t_k + \delta_1} \phi[x(s), u^*(t_k)] \mathrm{d}s \tag{9-21}$$

$$x^*(t_k + \delta_1) = x^*(t_k) + \int_{t_k}^{t_k + \delta_1} \phi[x(s), u^*(s)] \mathrm{d}s \tag{9-22}$$

由于 $x(t_k) = x^*(t_k)$，有

$$E(\Delta_1) = ||x(t_k + \delta_1) - x^*(t_k + \delta_1)|| \leqslant \int_{t_k}^{t_k + \delta_1} L_\phi ||x(s) - x^*(s)|| \mathrm{d}s + L_G \Delta u(t_k + \delta_1) \tag{9-23}$$

令

$$\Delta u(t_k + \delta_1) = \left\| \int_{t_k}^{t_k+\delta_1} [u(t_k) - u^*(s)\mathrm{d}s] \right\| \tag{9-24}$$

则 $E(\Delta_1)$ 可表达为

$$\|x(t_k + \delta_1) - x^*(t_k + \delta_1)\| \leqslant \int_{t_k}^{t_k+\delta_1} L_\phi \|x(s) - x^*(s)\| \mathrm{d}s + L_G \Delta u(t_k + \delta_1) \tag{9-25}$$

基于式（9-25）使用 Gronwall-Bellman 不等式可得

$$E(\Delta_1) = \|x(t_k + \delta_1) - x^*(t_k + \delta_1)\| \leqslant L_G \Delta u(t_k + \delta_1) \mathrm{e}^{L_\phi \delta_1} \tag{9-26}$$

（2）对于 $1 < i \leqslant G$，使用 Gronwall-Bellman 不等式可得

$$E(\Delta_i) \leqslant E(\Delta_{i-1}) \mathrm{e}^{L_\phi \delta_i} + L_G \Delta u(t_k + \delta_i) \mathrm{e}^{L_\phi \delta_i} \tag{9-27}$$

（3）对于 $G < i < N + 1$，系统状态可表达为

$$x(t_k + \Delta_{G+1}) = x(t_k + \Delta_G) + \int_{t_k+\Delta_G}^{t_k+\Delta_{G+1}} \phi[x(s), u'(t_k + \Delta_G)]\mathrm{d}s \tag{9-28}$$

$$x^*(t_k + \Delta_{G+1}) = x^*(t_k + \Delta_G) + \int_{t_k+\Delta_G}^{t_k+\Delta_{G+1}} \phi[x^*(s), u^*(s)]\mathrm{d}s \tag{9-29}$$

基于式 (9-27) 和 Gronwall-Bellman 不等式可得

$$E(\Delta_{G+1}) = \|x(t_k + \Delta_{G+1}) - x^*(t_k + \Delta_{G+1})\|$$
$$\leqslant E(\Delta_G) \mathrm{e}^{L_\phi \delta_{G+1}} + L_G \Delta q(t_k + \Delta_{G+1}) \mathrm{e}^{L_\phi \delta_{G+1}} \tag{9-30}$$

其中，$\Delta q(t_k + \Delta_{G+1}) \triangleq \left\| \int_{t_k+\delta_G}^{t_k+\delta_{G+1}} [u'(t_k + \Delta_G) - u^*(s)]\mathrm{d}s \right\|$。

对于 $i > G + 1$：

$$E(\Delta_i) = \|x(t_k + \Delta_i) - x^*(t_k + \Delta_i)\| \leqslant E(\Delta_{i-1}) \mathrm{e}^{L_\phi \delta_i} + L_G \Delta q(t_k + \delta_i) \mathrm{e}^{L_\phi \delta_i} \tag{9-31}$$

值得注意的是，$\Delta u(t_k + \delta_i)$ 和 $\Delta q(t_k + \Delta_{G+1})$ 由在线计算获得。

根据引理 9-1，重构参数 K 可由式（9-32）确定。

$$\min E(\Delta_N)$$
$$\text{s.t.} \begin{cases} E(\Delta_N) \leqslant \dfrac{1}{L_J}\sigma_J \\ u'(t_k) \in \mathcal{U} \end{cases} \tag{9-32}$$

其中，$\sigma_J = \gamma \int_{t_k}^{t_k+s} F[x^*(s), u^*(s)]\mathrm{d}s$，$\gamma \in (0,1)$，并且 $\Delta q(t_k + \delta_N)$ 是包含重构参数 K 的设定符号。L_J 是 Lipschitz 常数，可用下式计算：

$$L_J = \left(\frac{L_F}{L_\phi} + L_{V_f} \right) \mathrm{e}^{(L_\phi T_p)} - \frac{L_F}{L_\phi} \tag{9-33}$$

基于上述输入样本重构机制和重构参数确定方法，提出一种抵御 Replay 攻击的弹性 ST-MPC 算法，Replay 攻击下输入重构弹性 ST-MPC 算法可以总结为算法 9-1。

算法 9-1：Replay 攻击下输入重构弹性 ST-MPC 算法

1：给定任意初始时间 t_k，如果 $x(t_k) \in \Omega(\varepsilon_f)$，则使用局部状态反馈控制器 $\kappa(x)$，否则执行以下程序；
2：while $x(t_k) \notin \Omega(\varepsilon_f)$ do：
3：　通过 ST-MPC 计算控制样本 U^*，通过式 (9-32) 计算重构参数 K；
4：　　通过网络向执行器传送 U^* 和 K；
5：　　if 发生重放攻击
6：　　　　被控系统通过式 (9-14) 得到重构控制样本 U'；
7：　　　　执行器以 ZOH 方式应用 U'；
8：　　else
9：　　　　则执行器以零级保持方式应用最优控制样本 U^*；
10：　　end if
11：　　将 $x(t_{k+1})$ 传递给控制器，用于处理 OCP；
12：end while
13：回到步骤 1。

9.3　理　论　分　析

9.3.1　迭代可行性分析

定理 9-1　如果假设 9-1～假设 9-3 成立，并且经典 ST-MPC 算法可行，那么算法 9-1 中提出的 Replay 攻击下输入重构弹性 ST-MPC 算法也是可行的。

证明　为了保证算法 9-1 的可行性，首先需要保证在 t_k 时根据当前状态 $x(t_k)$ 求解 OCP 可以得到满足所有约束的控制输入 $u^*(s)$。当 $x(t_{k+1})$ 被传输至 MPC 控制器时，得到一个可行的控制输入 $u^*(s)$。基于重构参数 K 选取条件 (9-32)，$u'(t_k + \Delta_i) \in \mathcal{U}$ 可以被确保。

此外，由于 MPC 在 t_k 可行，故 $x(t_k) = x^*(t_k) \in \Omega_V$，且有 $J^*[x(t_k)] < J_0$。基于周期 MPC 方法结果，将 $u^*(s)$ 和 $u'(s)$ 应用于系统时有

$$J^*[x^*(t_{k+1})] - J^*[x(t_k)] \leqslant - \int_{t_k}^{t_k+1} F[x^*(s), u^*(s)]\mathrm{d}s < 0 \tag{9-34}$$

这意味着 $x(t_{k+1}) \in \Omega_V$，因此上述算法在 t_{k+1} 时刻可行。　　　　　　□

9.3.2　稳定性分析

本节将给出算法 9-1 下闭环系统的稳定性定理，如定理 9-2 所示，并对其进行理论分析。

定理 9-2　若假设 9-1∼ 假设 9-3 成立，且使用算法 9-1 控制系统式（9-1），则对于 $\forall x(t_k) \in \Omega_V \backslash \Omega(\varepsilon_f)$，即使被控系统受式（9-10）和式（9-11）所述的 Replay 攻击，依然存在一个有限时间 t_{ks} 可以使系统状态 x 进入 $\Omega(\varepsilon_f)$，并且对于 $\forall t_k > t_{ks}$，$x(t_k) \in \Omega_V$。

证明　定理 9-2 采用反证法进行证明。首先，假设 $x(t_0) \in \Omega_V \backslash \Omega(\varepsilon_f)$ 且 $x(s), s > t_0$ 始终位于 $\Omega(\varepsilon_f)$ 之外，即当 $t \to \infty$，在设计算法的控制下，系统状态 x 仍处于 $\Omega(\varepsilon_f)$ 之外。然后通过证明假设不成立，证明被控系统在算法 9-1 的作用下仍能稳定运行。

首先，基于可行性结果有

$$J^*[x^*(t_{k+1})] - J^*[x^*(t_k)] \leqslant -\int_{t_k}^{t_{k+1}} F[x^*(s), u^*(s)]\mathrm{d}s < 0 \qquad (9\text{-}35)$$

$J^*[x^*(s)]$ 是基于最优控制输入 $u^*(s)$ 的最优代价函数。

由 $x^*(t_k) = x(t_k)$ 可得

$$J^*[x(t_{k+1})] - J^*[x(t_k)] \leqslant J^*[x(t_{k+1})] - J^*[x(t_{k+1})] - \int_{t_k}^{t_{k+1}} F[x^*(s), u^*(s)]\mathrm{d}s \qquad (9\text{-}36)$$

代入式（9-33），可得

$$J^*[x(t_{k+1})] - J^*[x(t_k)] \leqslant L_J \|x(t_{k+1}) - x(t_k)\| - \int_{t_k}^{t_{k+1}} F[x^*(s), u^*(s)]\mathrm{d}s \qquad (9\text{-}37)$$

定义参数 $0 < \gamma < 1$，则进一步可得

$$L_J \|x(t_{k+1}) - x(t_k)\| \leqslant (1 - \gamma) \int_{t_k}^{t_{k+1}} F[x^*(s), u^*(s)]\mathrm{d}s \qquad (9\text{-}38)$$

由于 $J^*[x(s)]$ 是系统式（9-1）的闭环 Lyapunov 函数，根据 Lyapunov 稳定性理论，当保证 $J^*[x]$ 随触发时间 t_k 的增加而减小时，就可以保证稳定性。并且由于 $F(x, u) \geqslant \alpha_1(\|x\|)$，$\varepsilon_f < V_f[x(t_k + \zeta)] \leqslant \alpha_2[\|x(t_k + \zeta)\|]$，因此可以获得

$$F[x^*(s), u^*(s)] \geqslant \alpha_1[\|x(t_k + \zeta)\|] > \alpha_1[\alpha_2^{-1}(\varepsilon_f)] > 0 \qquad (9\text{-}39)$$

故

$$J^*[x(t_k)] - J^*[x(t_{k-1})]$$

$$\leqslant (\gamma - 1) \int_{t_{k-1}}^{t_k} F[x^*(s), u^*(s)] \mathrm{d}s$$

$$< (\gamma - 1) \int_{t_{k-1}}^{t_{k-1}+\Delta_n} \alpha_1[\alpha_2^{-1}(\varepsilon_f)] \mathrm{d}s$$

$$= -(1 - \gamma)\alpha_1[\alpha_2^{-1}(\varepsilon_f)]\Delta_n \triangleq \zeta < 0 \tag{9-40}$$

式中，$\Delta_n = t_{k+1} - t_k > 0$，且 $t_{k-1} < s < t_{k-1} + \Delta_i, 0 < \zeta < \Delta_i$。

因此，通过递推可以进一步获得

$$\begin{cases} J^*[x(t_k)] - J^*[x(t_{k-1})] < -\zeta \\ J^*[x(t_{k-1})] - J^*[x(t_{k-2})] < -\zeta \\ \quad\quad\quad \vdots \\ J^*[x(t_1)] - J^*[x(t_0)] < -\zeta \end{cases} \tag{9-41}$$

将式（9-41）左右相加可得

$$J^*[x(t_k)] < -k\zeta + J^*[x(t_0)] < -k\zeta + J_0 \tag{9-42}$$

其中，J_0 由式（9-8）给出。这意味着当 $k \to \infty$，$J^*[x(t_k)] < 0$，其与 $J^*[x(t_k)] > 0$ 的事实相反。所以上述假设是不成立的，从而证明了系统状态在有限时间内进入 $\Omega(\varepsilon_f)$。

需要注意的是，当系统状态到达 $\Omega(\varepsilon_f)$ 时，应用局部状态反馈控制器 $\kappa(x)$。因此，可以实现系统渐近稳定到原点的控制目标，即当 $t \to \infty$，$x(t) \to 0$。

9.4　仿真验证

本节将所设计的算法应用于移动机器人系统进行仿真模拟，验证所提出算法的有效性。机器人系统方程：

$$\begin{bmatrix} \dot{x}(t) \\ \dot{y}(t) \\ \dot{\theta}(t) \end{bmatrix} = \begin{bmatrix} \cos\theta(t) & 0 \\ \sin\theta(t) & 0 \\ 0 & 1 \end{bmatrix} \begin{bmatrix} v(t) \\ w(t) \end{bmatrix} \tag{9-43}$$

式中，x、y 和 θ 为小车的 3 个状态；v 和 ω 分别表示线速度和角速度的控制输入。假设系统遭受 Replay 攻击，然后使用弹性控制算法对攻击进行防御。仿真中使用的

参数说明如下：机器人系统初始位置为 $[-5\text{m}, 4\text{m}, -\frac{\pi}{2}\text{rad}]^{\text{T}}$，控制输入约束条件为：$||v|| \leqslant \bar{v} = 1.5\text{m·s}^{-1}, ||w|| \leqslant \bar{w} = 0.5\text{rad·s}^{-1}$，Lipschitz 常数 $L_\phi = \sqrt{2}\bar{v}, L_G = 1.0$。代价函数为 $F = \chi^{\text{T}}Q\chi + u^{\text{T}}Ru$ 和 $V_f = \chi^{\text{T}}\chi$，其中 $Q = 0.13I_3$，$R = 0.05I_2$。算法参数设定为 $\sigma = 0.99$，$\varepsilon_f = 0.4$，$N = 6$，$\gamma = 0.99$。基于上述描述和文献 [141]，在仿真中考虑机器人系统式 (9-43) 的位置调整。

如图 9-2 和图 9-3 ⟋△⟍ 轨迹所示，经典 ST-MPC 算法[86] 下的控制系统遭受 9.1.2 小节所述两种 Replay 攻击时，系统无法在有限的时间内运行至指定目标。从图 9-2 和图 9-3 中也可以发现，即使控制系统被 Replay 攻击所破坏，机器人系统在所开发的算法 9-1 驱动下依然可以稳定地运行至指定目标（如 ✳ 轨迹所示），并且和没有受到 Replay 攻击的经典 ST-MPC 算法运行轨迹基本保持一致（如 ✳ 轨迹所示）。需要说明的是，图 9-2 和图 9-3 中的点表示被控系统在此刻被触发，并与控制器通信获取控制输入。

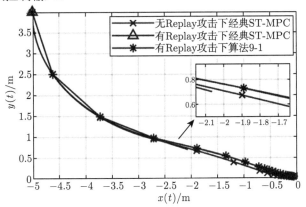

图 9-2　式（9-10）攻击下系统式（9-43）位置调节对比

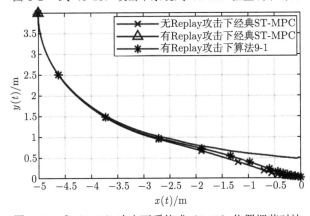

图 9-3　式（9-11）攻击下系统式（9-43）位置调节对比

图 9-4和图 9-5为未受到 Replay 攻击的经典 ST-MPC 算法与分别受到两种 Replay 攻击后算法 9-1 的触发间隔对比，从图中可以看出系统在遭受 Replay 攻击时算法 9-1 仍然拥有良好的非周期触发性能，可以有效节省系统资源。

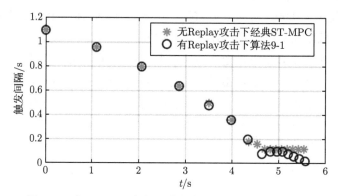

图 9-4　式（9-10）攻击下系统式（9-43）触发间隔对比

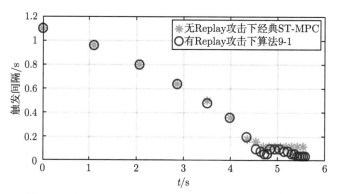

图 9-5　式（9-11）攻击下系统式（9-43）触发间隔对比

9.5　本 章 小 结

本章针对非线性连续时间系统，在 C-A 通道遭受 Replay 攻击时建立了基于输入重构弹性 ST-MPC 算法，该方法仅需对有限关键控制样本实施重点保护即可保证自触发系统的性能。为了获得需要被保护的关键控制样本，首先结合经典 ST-MPC 算法特性对 Replay 攻击进行了建模，分析了系统在 Replay 攻击下的误差上界并得到相应的解析解。其次基于误差上界解析解、相关理论条件和一个可调阈值设计了重构参数求解方法。为了兼顾网络安全和资源消耗问题，将输入重构机制与传统基于 ZOH 的经典 ST-MPC 算法相结合，设计了弹性 ST-MPC

算法，该算法在抵御 Replay 攻击的同时有效降低了 OCP 求解频次和需要被重点保护的控制样本数量。之后，结合系统模型、Replay 攻击特征、Lyapunov 稳定性理论给出了保证弹性控制算法可行性和系统闭环稳定性的充分条件。最后，通过非线性机器人系统，验证了所设计弹性方法的有效性。

第 10 章　基于移动机器人的预测控制机制实验及分析

移动机器人是一种集合环境感知、动态决策与规划、行为控制与自主执行等多功能于一体的现代综合智能设备,不仅在工业、农业、医疗、服务等传统行业中发挥着重要作用,而且在城市安全、国防事业和空间探测等有害或危险场合中表现突出[146-150]。因此,为了进一步证明所提算法的有效性和实用性,本章将通过一台智能移动机器人系统进行控制实验,深入分析所提算法在降低资源消耗和抵御网络攻击时的性能。

10.1　实验对象介绍

实验设备主要由机器人硬件平台和机器人操作系统(robot operating system, ROS)组成。机器人硬件平台通常包括行动机构电机、传感器、通信模块等,可以采集机器人的运动状态、环境信息等数据。ROS 则提供了移动机器人实验需要的软件框架和功能模块,可以对采集到的数据进行处理、分析和显示。通过机器人硬件平台和 ROS 的配合使用,可以实现移动机器人的自主导航、语音识别、视觉识别等功能,进一步提高实验效率。考虑到资源受限问题,首先在上位机中基于 MATLAB 求解 OCP 并获得控制输入;其次将控制样本包传送给 ROS,实现对机器人的控制;最后将里程计和雷达采集到的状态信息在触发瞬间通过定位系统传回上位机。

10.1.1　硬件系统

本书使用的实验设备 Scout Mini 移动机器人,如图 10-1 所示。机器人的移动底盘采用四轮和全向驱动技术,麦克纳姆轮能够实现机器人原地旋转和在任意方向的平移。Scout Mini 开发平台自带控制核心,支持标准控制器局域网(controller area network, CAN)总线通信,从而支持 ROS 等二次开发和更高级机器人开发系统的接入。

为了更好地对本书所开发预测控制算法进行实验验证,将摄像头、雷达和里程计等传感器设备作为扩展应用至 Scout Mini 移动机器人。其相关配置情况如下。

图 10-1　Scout Mini 移动机器人

（1）计算单元采用 Jetson AGX Xavier，为机器人提供相当于大型工作站的优越性能，能够完成如下任务：视觉测距、传感器融合、定位与地图绘制、障碍物检测以及对新一代机器人至关重要的路径规划算法。

（2）通信单元采用 GL-AR750S 无线宽带路由器，负责提供 IEEE802.11b/g/n 和 802.11ac 双频的移动热点（Wi-Fi），支持高达 750Mbit/s 的无线传输速率。该设备具有三个千兆以太网口，提供千兆的有线传输速率。同时配置 USB2.0 接口和 MicroSD 卡槽，方便外接 USB 设备和扩展存储。

（3）激光传感器采用 VLP-16 激光雷达，该设备在测距时机械结构 360° 旋转，不断获取角度信息，从而实现了 360° 扫描测距，最终输出扫描环境的点云数据。

（4）摄像头采用 Intel RealSense D435 深度相机，该设备采用了即用型 USB 供电形式，并且搭载了 D400 系列深度模块。

Scout Mini 移动机器人采用堆叠式设计，框架采用钣金作为支撑件，底部采用镂空的钣金支架，与顶部的标准铝型材支架进行装配。具体参数如表 10-1所示。

表 10-1　Scout Mini 移动机器人性能参数

参数类型	项目	指标
机械参数	长 × 宽 × 高/(mm×mm×mm)	625×585×222
	轴距/mm	475
	前/后轮距/mm	540
	车体质量/kg	20
	减速比	1:4.3
	空载最高车速/(km·h^{-1})	10.8
性能参数指针	最小转弯半径	可原地转弯
	最大爬坡能力/(°)	30
	最小离地间隙/mm	107

10.1.2　ROS

ROS 是一种用于进行机器人程序编写的具有高度灵活性的软件架构。它提供了库、工具、协议来帮助软件开发人员创建机器人应用程序，其中包括硬件抽象描述、底层驱动程序管理、共用功能的执行、程序间的消息传递、程序发行包管理等。ROS 提供了一套完整的机器人通信机制，可以极大简化编程。ROS 主要有以下几个特点。

（1）点对点。ROS 构建的系统由许多进程组成，这些进程可能位于许多不同的主机上，在运行时以点对点拓扑连接，点对点的设计可以分散系统的计算压力，实现多机器人的协同控制。

（2）多语言。ROS 支持 C++、Python、Octave 以及处于不同完成状态的其他语言端口。

（3）工具包丰富。ROS 具有丰富的工具包，并采用组件化的方法将工具和仿真软件集成到系统中直接作为一个组件使用，提高了开发效率。

（4）精简。ROS 模块化使得每个功能节点可进行单独编译，且统一的消息接口使模块移植、复用更加方便。

（5）免费且开源。ROS 的完整源代码是公开的，增加了使用者的便利性，从而促进了机器人的应用开发。

ROS 的架构如图 10-2 所示，分为三个层次：①基于 Linux 系统的 OS 层；②实现 ROS 核心通信机制、众多机器人开发库的中间层；③在 ROS Master 的管理下保证功能节点的正常运行的应用层。

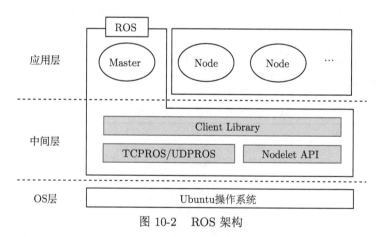

图 10-2　ROS 架构

（1）OS 层。ROS 并非一个操作系统，而是一个中间件，能够在各种操作系统上运行。ROS 最初是在 Ubuntu Linux 操作系统上开发的，因此对于 ROS 的初学者来说，使用 Ubuntu 是最方便的。值得注意的是，虽然 ROS 可以在各种操作系统上运行，但由于 ROS 使用 Linux 特有的功能（如虚拟文件系统、IPC 机制等），在其他操作系统上可能会存在一些限制和不兼容的问题。此外，ROS 的一些功能和工具可能只在特定的操作系统版本上受支持。因此，在选择操作系统时，需要根据具体需求和 ROS 版本来选择。

（2）中间层。中间层是指 ROS 核心功能，包括节点通信、话题发布与订阅、服务调用和参数服务器等基础功能。ROS 的通信系统基于 TCP/UDP 网络并进行封装，即 TCPROS/UDPROS。除此之外，Nodelet 是一种更优化进程内的通信方法，可以提高数据传输的实时性。在通信机制之上，ROS 还提供了参数服务器，用于存储和共享 ROS 参数，使各个节点可以互相访问参数。

（3）应用层。应用层是指基于 ROS 核心功能开发出的一些高级功能和应用。Master 是 ROS 应用层的管理者，负责把控整个系统的稳定运行。ROS 社区内提供了大量的应用功能包，功能包内的模块以节点为单位运行，基于 ROS 的应用程序可以通过 ROS 节点和话题实现各个组件之间的协同工作，便于用户进行机器人应用程序开发、测试、部署和维护。

10.2　局域网搭建及软件系统设计

当进行 CPS 框架下的预测控制算法验证时，直接通过互联网使用远程控制软件的延迟较大，所以有必要组建一个局域网，以保证网络访问速度及稳定性。基于所搭建的局域网，首先，在上位机中基于 MATLAB 求解 OCP 并获得控制输入。其次，将控制样本包传送给 ROS，实现对机器人的控制。最后，里程计和雷达采集到的状态信息在触发瞬间通过定位系统传回上位机。另外，软件设计为移动机器人实验过程中的算法实现提供必要的支持，可以提高机器人实验的效率和准确性，进而加快实验进程。因此，构建局域网和进行软件设计是移动机器人实验不可或缺的两个重要环节，同时也是保证实验高效、稳定、可靠的关键措施。

10.2.1　通信搭建

本书实验将在如图 10-1 所示的 Scout Mini 移动机器人实验平台展开，其操作系统为 Melodic 版本 ROS 的 Ubuntu18.04 LTS，采用 802.11g 无线通信协议与 PC 端 MATLAB 建立通信，实现对移动机器人的运动控制，移动机器人底层控制通信结构和局域网通信组建结构分别如图 10-3 和图 10-4 所示。

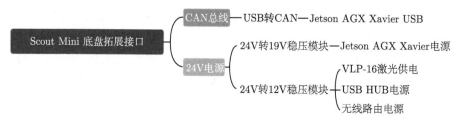

图 10-3　底层控制通信结构

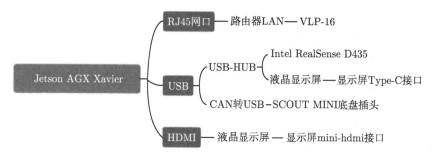

图 10-4　局域网通信组建结构

建立 PC 端 MATLAB 和 ROS 的通信，首先需要配置网络和 ROS 环境变量。表 10-2 展示了实验中 ROS 与 PC 端 MATLAB 之间建立通信的流程和相应代码。通过 roscore 命令启动 ROS 主节点，然后在 PC 端 MATLAB 中利用 rosinit 命令建立与 ROS 端的连接，最后通过 rosnode list 命令来测试连接是否正常。图 10-5展示了 ROS 与 PC 端 MATLAB 的通信测试，连接成功后可通过 MATLAB 对移动机器人主机话题的监听和命令发布等操作。

表 10-2　ROS 与 PC 端 MATLAB 之间的通信建立

建立通信流程	通信代码
获取 IP	ifconfig/ipconfig
ROS 端配置	export ROS_IP =192.168.31.47
	export ROS_MASTER_URI=http://192.168.31.47:11311
MATLAB 配置	setenv('ROS_MASTER_URI',' http://192.168.31.47:11311')

```
>> setenv('ROS_MASTER_URI','http://192.168.31.47:11311')
>> rosinit
The value of the ROS_MASTER_URI environment variable, http://192.168.31.47:11311/, will be used to connect to the ROS master.
Initializing global node /matlab_global_node_72218 with NodeURI http://192.168.31.52:51623/
```

图 10-5　通信测试

10.2.2 软件系统设计

基于 ROS 和 PC 端 MATLAB 的移动机器人实验：首先在 Ubuntu 系统下搭建数据处理程序，通过订阅话题从而获得传感器采集的数据；其次 MATLAB 负责对采集到的数据进行接收并通过所设计的算法求解最优控制输入；最后将计算得到的控制输入发送至 ROS 端对移动机器人进行控制。

应用模块化设计思想,移动机器人软件系统设计方法可由以下几部分组成:感知定位模块、全局渐进镇定控制模块和运动控制模块，如图 10-6 所示。

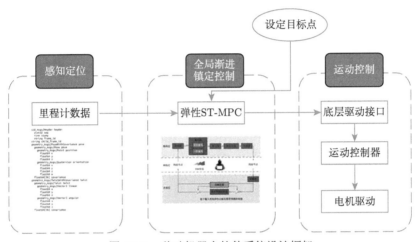

图 10-6　移动机器人软件系统设计框架

感知定位模块：通过机器人上里程计 "/odom" 数据信息感知机器人的实际位置。

全局渐进镇定控制模块：主要在 MATLAB 端完成，目标点设定完成后，通过所考虑的预测控制方法对机器人进行控制，并将求解得出的最优控制输入通过速度指令 "/cmd_vel" 发送给机器人。

运动控制模块：主要负责接收速度指令 "/odom" 并进行速度解算。

10.3　移动机器人里程计标定

10.3.1　里程计模型

在进行导航定位和一般运动控制时，里程计（odometry）信息尤为重要。里程计信息包括位姿和速度，根据采集到的信息可进行航迹推演。里程计可通过安装在驱动电机的编码器或直接从惯性测量单元（inertial measurement unit, IMU）传

感器中获得数据，然而前者会受累积误差和轮子打滑等因素影响存在偏差。IMU
在导航建图和定位算法中有很重要的应用价值，能够检测挂载设备的加速度和角
速度信号，并自动计算出该设备相对应的姿态。本节采用编码器与 IMU 数据融合
的方式获得里程计信息，并通过官方的扩展卡尔曼滤波包 "robot_pose_ekf" 来
实现数据融合过程。

　　为了验证所提出算法在实际环境中的有效性，需要先对实验设备的里程计进
行标定。标定是指在进行测量时，对测试设备测量精度的进一步复核并对误差进
行消除的重要实验步骤。

　　需要注意的是，虽然所使用的移动机器人是具有全向驱动技术的四轮四驱机
器人，但在本节实验中前轮仅作从动轮使用。因此在实际使用时，所用机器人是
一个标准的差速移动机器人，其运动模型如图 10-7所示。

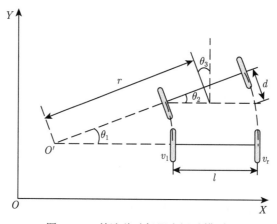

图 10-7　差速移动机器人运动模型

　　如图 10-7 所示，如果假设移动机器人是刚体，则其发生的所有运动都可以视
作圆弧运动。因此，给定机器人的回转半径 r，当 r 趋于 0 时，可视机器人做原
地回转运动，当 r 趋于无穷时，则机器人做直线运动。v_r、v_l 分别表示左右轮的
线速度，v、ω 分别表示移动机器人的线速度与角速度，经过简单推导可获得它们
之间的关系。

（1）机器人的线速度：

$$v = \frac{v_r + v_l}{2} \tag{10-1}$$

（2）航向角变化量 $\theta_3 = \theta_1 = \theta_2$，由于采样间隔较短，因此有

$$\theta_2 \approx \sin\theta = \frac{d}{l} = \frac{(v_r - v_l) * \Delta t}{l} \tag{10-2}$$

（3）机器人角速度为

$$\omega = \frac{\theta_1}{\Delta t} = \frac{(v_{\mathrm{r}} + v_{\mathrm{l}}) * l}{2(v_{\mathrm{r}} - v_{\mathrm{l}})} \tag{10-3}$$

（4）机器人左右轮线速度 $(v_{\mathrm{r}}、v_{\mathrm{l}})$ 与转速 $(n_{\mathrm{r}}、n_{\mathrm{l}})$ 的关系为

$$\begin{cases} v_{\mathrm{l}} = 2\pi R n_{\mathrm{l}} / (60\alpha * \eta) \\ v_{\mathrm{r}} = 2\pi R n_{\mathrm{r}} / (60\alpha * \eta) \end{cases} \tag{10-4}$$

式中，R 表示驱动轮半径；η 表示减速比。根据移动机器人参数可知，$R = 7\mathrm{cm}$，$\eta = 4.3$。

最终，经过简化可获得如下机器人系统模型：

$$\begin{bmatrix} \dot{x}(t) \\ \dot{y}(t) \\ \dot{\theta}(t) \end{bmatrix} = \begin{bmatrix} \cos\theta(t) & 0 \\ \sin\theta(t) & 0 \\ 0 & 1 \end{bmatrix} \begin{bmatrix} v(t) \\ \omega(t) \end{bmatrix} \tag{10-5}$$

10.3.2 里程计标定实操

首先，规划 3m 的直线距离用来调试修正实验机器人的线速度误差，标定过程如图 10-8 所示。然后，使用 "rostopic pub -r 5 /cmd_vel geometry_msgs/Twist '[0.1,0,0]' '[0,0,0]'" 指令向机器人发布速度命令，其中 "rostopic pub" 表示话题发布命令，"-r 5" 表示以 5Hz 的频率发布此消息，"/cmd_vel" 表示指定的话题名称，"geometry_msgs/Twist" 表示发布消息的类型名称，其中有 linear 和 angular 两个子消息，可以唯一确定机器人的运动状态。

图 10-8　移动机器人标定过程

上述命令让机器人以指定速度从起点向前行驶并计时，在终点 3m 处停止计时并记录时间。实验中，指定速度分别为 $0.1\mathrm{m \cdot s^{-1}}$、$0.2\mathrm{m \cdot s^{-1}}$、$0.3\mathrm{m \cdot s^{-1}}$，每组进行三次测量，标定前后速度分别见表 10-3 和表 10-4。

表 10-3   标定前速度

理论速度 /(m · s^{-1})	路程/m	时间/s	实际速度 /(m · s^{-1})	平均速度 /(m · s^{-1})
0.1	3	26.82	0.1119	0.1125
		26.26	0.1142	
		26.94	0.1114	
0.2	3	13.63	0.2201	0.2220
		13.59	0.2208	
		13.57	0.2211	
0.3	3	8.92	0.3363	0.3375
		8.89	0.3375	
		8.86	0.3386	

表 10-4   标定后速度

理论速度 /(m · s^{-1})	路程/m	时间/s	实际速度 /(m · s^{-1})	平均速度 /(m · s^{-1})
0.1	3	31.03	0.0967	0.0947
		32.31	0.0929	
		31.68	0.0947	
0.2	3	15.56	0.1928	0.1917
		15.80	0.1899	
		15.58	0.1926	
0.3	3	10.34	0.2901	0.2869
		10.66	0.2814	
		10.38	0.2890	

通过修改 "../scout_mini_base/src/omni_hardware.cpp" 驱动配置文件，按照 10.3.1 小节推导的公式及确定参数，通过调试修正参数来获得较为理想的标定效果，最终确定的线速度修正参数 $\alpha = 0.88$。

10.4   实 验 分 析

10.4.1   事件触发鲁棒预测控制实验验证

本小节将在上述实验平台验证算法 4-1 的有效性。实验中，起始位置为系统原点，目标位置为 $[x(t), y(t)]^{\mathrm{T}} = [2.3\text{m}, 2.3\text{m}]^{\mathrm{T}}$，线速度和角速度的约束分别为 $\|v(t)\| \leqslant 0.3\text{m} \cdot \text{s}^{-1}$，$\|\omega(t)\| \leqslant 0.5\text{rad} \cdot \text{s}^{-1}$，预测时域 $T_p = 2\text{s}$。根据假设 4-1，计算可得系统 Lipschitz 常数 $L_f = 0.43$。代价函数权重矩阵选择为 $Q = 0.5I_2$，$R = 0.5I_2$，$P = I_2$，并且设定相应的初始约束 $c_x = 2.3\sqrt{2}$ 以维持系统的稳定性。根据定理 4-2，通过选取参数 $\varepsilon = 0.3253$，$r = 0.4879$，$\mu = 0.75$，计算可得系统的收缩率 $\zeta \in [0.0608, 0.9893]$，预测时域 $T_p \in [2.1625, 22.6667]$，扰动上界

$\rho \leqslant 1.6451 \times 10^{-4}$。基于此，本节选取 $\zeta = 0.9$，$\rho = 0.00015$ 和 $T_p = 14.1\mathrm{s}$。在触发条件中，设置比例、积分、微分参数分别为 $K_p = 1.3$，$K_i = 1.6$，$K_d = 1.5$，并计算得到触发阈值 $\delta_0 = 0.4902$。在实验中，为实现机器人的位置调节而选择局部状态反馈矩阵为

$$\left[\begin{array}{c} v(t) \\ w(t) \end{array} \right] = 0.6 \times \left[\begin{array}{c} -x(t)\cos\theta(t) - y(t)\sin\theta(t) \\ (x(t)\sin\theta(t) - y(t)\cos\theta(t))/0.25 \end{array} \right] \tag{10-6}$$

实验中，本小节的控制目标是实现机器人系统可以在有限时间内从原点驱动到目标位置，同时减少计算负担和通信负载。通过对算法 4-1、ET-MPC[69] 和未知干扰下的周期 MPC 驱动的机器人系统的比较研究来验证。

ET-MPC、基于 PID 信息的 ET-MPC 和周期 MPC 驱动的状态轨迹对比如图 10-9 所示。可以观察到，三种 MPC 算法都成功地将状态驱动到目标位置，并且在控制过程中它们的动态行为是相似的。

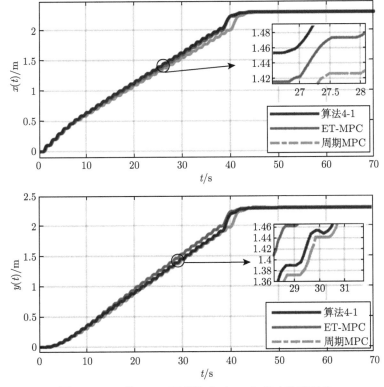

图 10-9　三种 MPC 下系统式（10-5）状态轨迹对比

　　算法 4-1 和 ET-MPC[69] 的触发间隔对比如图 10-10所示。从图中可以观察到，算法 4-1 仅需求解 3 次 OCP 来稳定受约束的 CPS，而 ET-MPC 需要求解 5 次 OCP 来实现相同的目标。与 ET-MPC 相比，算法 4-1 在将机器人系统驱动到目标位置的过程中减少了 40% 的计算资源。此外，该图还显示了算法 4-1 与 ET-MPC 之间总求解时间的差异，与 ET-MPC 相比，算法 4-1 需要更少的求解时间。结合上述结论，与 ET-MPC 和周期 MPC 相比，算法 4-1 不仅可以驱动机器人实现预定的控制目标而且可以节省更多的资源。

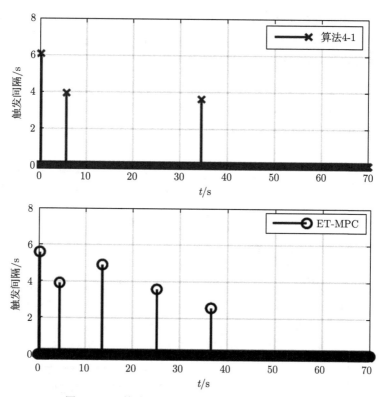

图 10-10　算法 4-1 与 ET-MPC 触发间隔的比较

10.4.2　弹性预测控制实验验证

　　本节继续使用上述实验平台对所提出的算法 8-2 进行实验验证，主要目的是通过位置调节实验 (不考虑方向)[132,141] 证明真实攻击环境下移动机器人在遭受 FDI 攻击后利用所设计的基于输入重构弹性 ST-MPC 算法不仅可以维持系统稳定运行，而且可以有效节约系统资源消耗。

　　为了充分展现算法 8-2 的控制性能、安全性能以及非周期触发性能，假定 FDI

攻击在每个执行间隔都对传输的控制样本 U^* 进行篡改且移动机器人自带的检测器能够检测出 FDI 攻击的存在。给定机器人的初始位置 $[3\text{m}, 3\text{m}, 0]^\text{T}$，目标位置为原点，采样时间设置为 $T = 0.35\text{s}$，并且结合机器人机械特性设定系统的输入约束为 $\|v\| \leqslant \bar{v} = 1.8\text{m} \cdot \text{s}^{-1}, \|\omega\| \leqslant \bar{\omega} = 1.0\text{rad} \cdot \text{s}^{-1}$，Lipschitz 常数 $L_f = \sqrt{2}\bar{v}, L_g = 1.0$。运行和终端代价函数分别描述为 $F(x, u) = x^\text{T}Qx + u^\text{T}Ru, V_f(x) = x^\text{T}Px$，其中权重矩阵为 $Q = 0.1I_3, R = 0.05I_3, P = I_3$。经典 ST-MPC 算法[86] 参数设置为 $\sigma = 0.99, \varepsilon = 0.1, \varepsilon_f = 0.05$，$N = 6$。为充分验证算法 8-2 控制性能，在仿真中将传输包中的每组控制样本 $u^*(\cdot)$ 随机篡改为满足控制约束的任意值，且攻击存在于所有传输时刻。然后利用算法 8-2 对 FDI 攻击进行防御，设定算法 8-2 调整参数 γ 为 0.99。移动机器人的实时位姿变化如图 10-11 所示，并通过 MATLAB 订阅里程计节点进行记录。

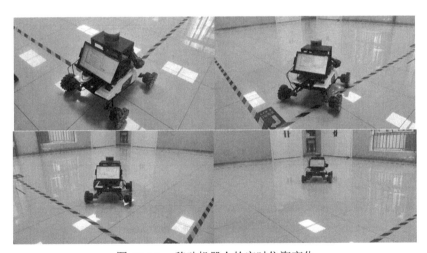

图 10-11 移动机器人的实时位姿变化

图 10-12 分别给出了无 FDI 攻击时周期 MPC、有 FDI 攻击时基于输入重构弹性 ST-MPC、有 FDI 攻击时周期 MPC 算法驱动下移动机器人运行轨迹变化。需要指出的是，为确保对照合理，本节仿真对比中设置了相同的运行参数，包括 FDI 参数和 OCP 参数。从图中可以看出，算法 8-2 即使在存在 FDI 攻击的情况下依然可以确保系统的闭环稳定，但是，在同样的 FDI 攻击下，周期 MPC 已出现失稳现象。图 10-13展示了系统在不同控制模式下的 $v(t)$ 和 $\omega(t)$，其中虚线数据为无 FDI 攻击下 MPC 求解 OCP 获得的最优控制输入，灰线数据为系统遭受 FDI 攻击后执行器端重构的控制输入，黑线数据为系统遭受 FDI 攻击之后的 MPC 控制输入。

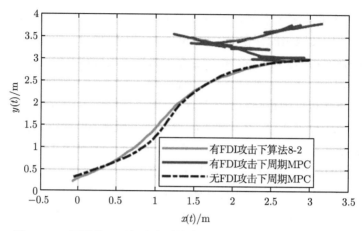

图 10-12　不同情况下机器人系统式（10-5）的实际运行轨迹对比

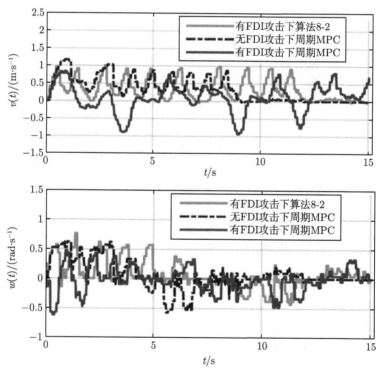

图 10-13　不同情况下机器人系统式（10-5）的实际速度对比

图 10-14 展示了基于输入重构弹性 ST-MPC 算法的触发间隔，其中圆圈标记表示系统在下一个触发间隔后进入终端域。表 10-5 展示了两种情况 OCP 的求解次数对比。整个控制过程中，系统在 8.48s 时进入终端域。在进入终端域前，系

统在算法 8-2 的驱动下求解 OCP 的次数由 130 次降低至 11 次, 计算资源利用率提高了 91.54%。通过图 10-12、图 10-14 和表 10-5 可以看出, 所提出的算法有效地平衡了机器人系统网络安全和资源受限之间的矛盾。

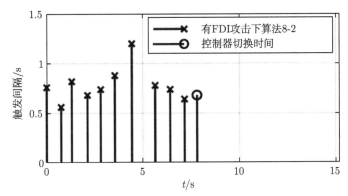

图 10-14　移动机器人基于输入重构弹性 ST-MPC 算法触发间隔

表 10-5　OCP 求解次数对比

情况	OCP 求解次数	提升
无 FDI 攻击周期 MPC	130	—
有 FDI 攻击算法 8-2	11	91.54%

10.5　本 章 小 结

　　本章在移动机器人实验平台上对所提出的 ET-MPC 算法和基于输入重构弹性 ST-MPC 算法进行了实验验证与分析。首先, 配置了实验用到的移动机器人硬件平台以及机器人操作系统 ROS。其次, 进行了局域网组建以及算法部分的软件设计, 为实验高效、稳定、可靠地推进打好基础。最后, 基于搭建的实验平台分别对基于 PID 信息的 ET-MPC 算法和 FDI 攻击下输入重构的弹性 ST-MPC 算法进行了实验验证, 实验结果验证了本书所提方法的有效性。

参 考 文 献

[1] Ding Y, Wang L, Li Y, et al. Model predictive control and its application in agriculture: A review[J]. Computers and Electronics in Agriculture, 2018, 151: 104-117.

[2] Chen J, Shi Y. Stochastic model predictive control framework for resilient cyber-physical systems: Review and perspectives[J]. Philosophical Transactions of the Royal Society A, 2021, 379(2207): 20200371.

[3] Samad T, Bauer M, Bortoff S, et al. Industry engagement with control research: Perspective and messages[J]. Annual Reviews in Control, 2020, 49: 1-14.

[4] Lars G, Jürgen P. Nonlinear Model Predictive Control: Theory and Algorithms[M]. London: Springer, 2017.

[5] 陈虹. 模型预测控制 [M]. 北京：科学出版社, 2013.

[6] Schwenzer M, Ay M, Bergs T, et al. Review on model predictive control: An engineering perspective[J]. The International Journal of Advanced Manufacturing Technology, 2021, 117(5-6): 1327-1349.

[7] Dai L, Lu Y, Xie H, et al. Robust tracking model predictive control with quadratic robustness constraint for mobile robots with incremental input constraints[J]. IEEE Transactions on Industrial Electronics, 2020, 68(10): 9789-9799.

[8] Lu X, Zhao H, Luo J, et al. A comprehensive review on MPC: Applications on wind turbines and FPGA implementations[C]. 2019 IEEE PES Asia-Pacific Power and Energy Engineering Conference (APPEEC), Macao, 2019: 1-5.

[9] 金崇文. 智能航空发动机模型预测控制 [D]. 南京: 南京航空航天大学, 2021.

[10] 贺宁, 马凯, 傅山, 等. FDI 攻击下自触发预测控制安全策略研究 [J]. 控制工程, 2022, 29(6): 988-995.

[11] 刘烃, 田决, 王稼舟, 等. 信息物理融合系统综合安全威胁与防御研究 [J]. 自动化学报, 2019, 45(1): 5-24.

[12] Zhang K, Shi Y, Sheng H. Robust nonlinear model predictive control based visual servoing of quadrotor UAVs[J]. IEEE/ASME Transactions on Mechatronics, 2021, 26(2): 700-708.

[13] Carron A, Arcari E, Wermelinger M, et al. Data-driven model predictive control for trajectory tracking with a robotic arm[J]. IEEE Robotics and Automation Letters, 2019, 4(4): 3758-3765.

[14] Sun Q, Chen J, Shi Y. Event-triggered robust MPC of nonlinear cyber-physical systems against DoS attacks[J]. Science China Information Sciences, 2022, 65(1): 110202.

[15] Hu X, Yu H, Hao F, et al. Event-triggered model predictive control for disturbed linear systems under two-channel transmissions[J]. International Journal of Robust and Nonlinear Control, 2020, 30(16): 6701-6719.

[16] Zhang M, Shen C, He N, et al. False data injection attacks against smart gird state estimation: Construction, detection and defense[J]. Science China Technological Sciences,

2019, 62(12): 2077-2087.

[17] He N, Ma K, Li R. Toward optimal false data injection attack against self-triggered model predictive controllers[J]. Advanced Theory and Simulations, 2022, 5(6): 2200025.

[18] 新华网. 我国互联网遭受境外网络攻击 [EB/OL]. (2022-03-11)[2023-10-07]. http://www.news.cn/2022/03/11/c_1128460865.htm.

[19] Yu S, Reble M, Chen H, et al. Inherent robustness properties of quasi-infinite horizon nonlinear model predictive control[J]. Automatica, 2014, 50(9): 2269-2280.

[20] Monasterios P R B, Trodden P A. Model predictive control of linear systems with preview information: Feasibility, stability, and inherent robustness[J]. IEEE Transactions on Automatic Control, 2019, 64(9): 3831-3838.

[21] Mcallister R D, Rawlings J B. Inherent stochastic robustness of model predictive control to large and infrequent disturbances[J]. IEEE Transactions on Automatic Control, 2021, 67(10): 5166-5178.

[22] Mayne D Q, Rawlings J B, Rao C V, et al. Constrained model predictive control: Stability and optimality[J]. Automatica, 2000, 36(6): 789-814.

[23] Peng C, Li F. A survey on recent advances in event-triggered communication and control[J]. Information Sciences, 2018, 457: 113-125.

[24] Dolk V S, Borgers D P, Heemels W P M H. Output-based and decentralized dynamic event-triggered control with guaranteed L_p-Gain performance and Zeno-freeness[J]. IEEE Transactions on Automatic Control, 2017, 62(1): 34-49.

[25] Tabuada P. Event-triggered real-time scheduling of stabilizing control tasks[J]. IEEE Transactions on Automatic Control, 2007, 52(9): 1680-1685.

[26] Mazo M, Tabuada P. Decentralized event-triggered control over wireless sensor/actuator networks[J]. IEEE Transactions on Automatic Control, 2011, 56(10): 2456-2461.

[27] Donkers M C F, Heemels W P M H. Output-based event-triggered control with guaranteed L_∞-gain and improved and decentralized event-triggering[J]. IEEE Transactions on Automatic Control, 2012, 57(6): 1362-1376.

[28] Borgers D P, Heemels W P M H. Event-separation properties of event-triggered control systems[J]. IEEE Transactions on Automatic Control, 2014, 59(10): 2644-2656.

[29] Mazo M, Anta A, Tabuada P. An ISS self-triggered implementation of linear controllers[J]. Automatica, 2010, 46(8): 1310-1314.

[30] Wang X, Lemmon M D. Self-triggering under state-independent disturbances[J]. IEEE Transactions on Automatic Control, 2010, 55(6): 1494-1500.

[31] Xu Z, Cheng F, Li R, et al. A differential error-based self-triggered model predictive control with adaptive prediction horizon for discrete systems[J]. Journal of Dynamic Systems, Measurement, and Control, 2024, 146(2): 021006.

[32] Peng C, Han Q-L. On Designing a novel self-triggered sampling scheme for networked control systems with data losses and communication delays[J]. IEEE Transactions on

Industrial Electronics, 2016, 63(2): 1239-1248.

[33] Hashimoto K, Adachi S, Dimarogonas D V. Self-triggered control for constrained systems: A contractive set-based approach[C].2017 American Control Conference (ACC), Seattle, 2017: 1011-1016.

[34] Hong Q, Zhang H. An introduction to event-based control for networked control systems[C].2014 IEEE International Conference on System Science ang Engineering (ICSSE), Tianjin, 2014: 190-195.

[35] Eqtami A, Dimarogonas D V, Kyriakopoulos K J. Event-triggered control for discrete-time systems[C]. Proceedings of the 2010 American Control Conference, Baltimore, 2012 : 4719-4724.

[36] Heemels W P M H, Donkers M C F, Teel A R. Periodic event-triggered control for linear systems[J]. IEEE Transactions on Automatic Control, 2013, 58(4): 847-861.

[37] Postoyan R, Anta A, Heemels W P M H, et al. Periodic event-triggered control for nonlinear systems[C].52nd IEEE Conference on Decision and Control, Florence, 13: 7397-7402.

[38] Wang W, Postoyan R, Nesic D, et al. Periodic event-triggered control for nonlinear networked control systems[J]. IEEE Transactions on Automatic Control, 2020, 65(2): 620-635.

[39] Xu X, Tahir A M, Açıkmeşe B. Periodic event-triggered control for incrementally quadratic nonlinear systems[J]. International Journal of Robust and Nonlinear Control, 2021, 31(11): 5261-5280.

[40] Anta A, Tabuada P. To sample or not to sample: Self-triggered control for nonlinear systems[J]. IEEE Transactions on Automatic Control, 2010, 55(9): 2030-2042.

[41] Donkers M C F, Tabuada P, Heemels W P M H. Minimum attention control for linear systems[J]. Discrete Event Dynamic Systems, 2014, 24(2): 199-218.

[42] 李唯. 虚假数据注入攻击下信息物理系统的安全控制研究 [D]. 兰州: 兰州理工大学,2019.

[43] 贺宁, 马凯, 沈超, 等. 欺骗攻击下弹性自触发模型预测控制 [J]. 控制理论与应用,2023, 40(5):865-873.

[44] 管晓宏, 关新平, 郭戈. 信息物理融合系统理论与应用专刊序言 [J]. 自动化学报, 2019, 45(1):4.

[45] 孙洪涛. 拒绝服务攻击下的网络化系统安全控制研究 [D]. 上海: 上海大学, 2019.

[46] Date H, Nakatani S, Kato M. Resilient control: Toward overcoming unexpected[C]. 2019 58th Annual Conference of the Society of Instrument and Control Engineers of Japan (SICE), Hiroshima, 2019: 1089-1092.

[47] Ji K, Wei D. Resilient control for wireless networked control systems[J]. International Journal of Control, Automation and Systems, 2011, 9: 285-293.

[48] 王萃清. 虚假数据注入攻击下信息物理系统的弹性控制 [D]. 兰州: 兰州理工大学, 2018.

[49] 马静, 叶泳, 贾秋生. 弹性控制综述 [J]. 信息与控制, 2015, 44(1):67-75.

[50] Yang X, Wang H, Zhu Q. Event-triggered predictive control of nonlinear stochastic systems with output delay[J]. Automatica, 2022, 140: 110230.

[51] Qi Y, Yu W, Huang J, et al. Model predictive control for switched systems with a novel mixed time event-triggering mechanism[J]. Nonlinear Analysis: Hybrid Systems, 2021, 42: 101081.

[52] Wang M, Sun J, Chen J. Stabilization of perturbed continuous-time systems using event-triggered model predictive control[J]. IEEE Transactions on Cybernetics, 2020, 52(5): 4039-4051.

[53] Lian Y, Jiang Y, Stricker N, et al. Resource-aware stochastic self-triggered model predictive control[J]. IEEE Control Systems Letters, 2021, 6: 1262-1267.

[54] Li H, Yan W, Shi Y. Triggering and control codesign in self-triggered model predictive control of constrained systems: With guaranteed performance[J]. IEEE Transactions on Automatic Control, 2018, 63(11): 4008-4015.

[55] Griffith D, Biegler L, Patwardhan S. Robustly stable adaptive horizon nonlinear model predictive control[J]. Journal of Process Control, 2018, 70: 109-122.

[56] Guo R, Feng J, Wang J, et al. Distributed model predictive control for coupled nonlinear systems via two-Channel event-triggered transmission scheme[J]. IEEE Transactions on Industrial Cyber-Physical Systems, 2023, 1: 381-393.

[57] Xi N, Tarn T J. Intelligent planning and control for multirobot coordination: An event-based approach[J]. IEEE Transactions on Robotics & Automation, 1996, 12(3):439-452.

[58] He N, Chen Q, Xu Z, et al. An Error Quasi Quadratic Differential Based Event-triggered MPC for Continuous Perturbed Nonlinear Systems[J]. International Journal of Control, Automation and Systems, 2024, 22(1): 205-216.

[59] Chisci L , Rossiter J A , Zappa G . Systems with persistent disturbances: Predictive control with restricted constraints[J]. Automatica, 2001, 37(7): 1019-1028.

[60] Astrom K, Bernhardsson B. Comparison of Riemann and Lebesque sampling for first order stochastic systems[C]. In Proceedings of the 41st IEEE Conference on Decision and Control, Las Vegas, 2002: 2011-2016.

[61] Hu S, Yue D. Event-triggered control design of linear networked systems with quantizations[J]. ISA Transactions, 2012, 51(1): 153-162.

[62] Seyboth G, Dimarogonas D, Johansson K. Event-based broadcasting for multi-agent average consensus[J]. Automatica, 2013, 49(1): 245-252.

[63] Wang X, Lemmon M. Event-triggering in distributed networked control systems[J]. IEEE Transactions on Automatic Control, 2011, 56(3): 586-601.

[64] Eqtami A, Dimarogonas D, Kyriakopoulos K J. Novel event-triggered strategies for model predictive controllers[C]. Proceedings of 50th IEEE Conference on Decision and Control and European Control Conference, Orlando, 2011: 3392-3397.

[65] Eqtami A, Dimarogonas D, Kyriakopoulos K J. Event-based model predictive control

for the cooperation of distributed agents[C]. Proceedings of the American Control Conference, Montréal, 2012: 6473-6478.

[66] Chen J, Tian E, Luo Y. Event-triggered model predictive control for series-series resonant ICPT systems in electric vehicles: A data-driven modeling method[J]. Control Engineering Practice, 2024, 142: 105752.

[67] Yoo J, Johansson K. Event-triggered model predictive control with a statistical learning[J]. IEEE Transactions on Systems, Man, and Cybernetics: Systems, 2019, 51(4):2571-2581.

[68] Heemels W, Donkers M. Model-based periodic event-triggered control for linear systems[J]. Automatica, 2013, 49(3):698-711.

[69] Li H, Shi Y. Event-triggered robust model predictive control of continuous-time nonlinear systems[J]. Automatica, 2014, 50(5): 1507-1513.

[70] Sun Q, Chen J, Shi Y. Integral-type event-triggered model predictive control of nonlinear systems with additive disturbance[J]. IEEE transactions on cybernetics, 2020, 51(12): 5921-5929.

[71] Li H, Shi Y. Robust distributed model predictive control of constrained continuous-time nonlinear systems: A robustness constraint approach[J]. IEEE Transactions on Automatic Control, 2014, 59(6): 1673-1678.

[72] Mi X , Zou Y , Li S. Event-triggered MPC design for distributed systems toward global performance[J]. International Journal of Robust and Nonlinear Control, 2017, 28(4): 1474-1495.

[73] 杨旭升, 张文安, 俞立. 适用于事件触发的分布式随机目标跟踪方法 [J]. 自动化学报, 2017, 43(8): 1393-1401.

[74] Luo Y, Xia Y, Sun Z. Robust event triggered model predictive control for constrained linear continuous system[J]. International Journal of Robust and Nonlinear Control, 2019, 29(5):1216-1229.

[75] Xie H, Dai L, Luo Y, et al. Robust MPC for disturbed nonlinear discrete-time systems via a composite self-triggered scheme[J]. Automatica, 2021, 127: 109499.

[76] Dai L, Yu Y, Zhai D, et al. Robust model predictive tracking control for robot manipulators with disturbances[J]. IEEE Transactions on Industrial Electronics, 2020, 68(5): 4288-4297.

[77] Eqtami A, Heshmati-Alamdari S, Dimarogonas D V, et al. Self-triggered model predictive control for nonholonomic systems[C]. 2013 European Control Conference (ECC), Zurich, 2013: 638-643.

[78] Eqtami A, Heshmati-alamdari S, Dimarogonas D, et al. A self-triggered model predictive control framework for the cooperation of distributed nonholonomic agents[C]. 52nd IEEE Conference on Decision and Control, Fikenze, 2013: 7384-7389.

[79] Dai L, Cannon M, Yang F, et al. Fast self-triggered MPC for constrained linear systems

with additive disturbances[J]. IEEE Transactions on Automatic Control, 2021, 66(8): 3624-3637.

[80] Lu L, Maciejowski J. Robust self-triggered MPC for constrained linear systems with additive disturbance[C]. 2019 IEEE 58th Conference on Decision and Control (CDC), Nice, 2019: 445-450.

[81] Heemels W P M H, Johansson K H, Tabuada P. An introduction to event-triggered and self-triggered control[C].2012 IEEE 51st IEEE Conference on Decision and Control (CDC), Hawaii, 2012: 3270-3285.

[82] He N, Shi D, Chen T. Self-triggered model predictive control for networked control systems based on first order hold[J]. International Journal of Robust and Nonlinear Control, 2018, 28(4): 1303-1318.

[83] Yang W, Xu D, Jin L, et al. Robust model predictive control for linear systems via self-triggered pseudo Terminal ingredients[J]. IEEE Transactions on Circuits and Systems, I. Regular papers: A publication of the IEEE Circuits and Systems Society, 2021, 69(3): 1312-1322.

[84] Cui D, Li H. Dual self-triggered model-predictive control for nonlinear cyber-physical systems[J]. IEEE Transactions on Systems, Man, and Cybernetics: Systems, 2021, 52(6): 3442-3452.

[85] Hu Y, Zhan J, Li X. Self-triggered distributed model predictive control for flocking of multi-agent systems[J]. IET Control Theory & Applications, 2018, 12(18): 2441-2448.

[86] Hashimoto K, Adachi S, Dimarogonas D V. Self-triggered model predictive control for nonlinear input-affine dynamical systems via adaptive control samples selection[J]. IEEE Transactions on Automatic Control, 2016, 62(1): 177-189.

[87] Liu W, Sun J, Wang G, et al. Data-driven resilient predictive control under denial-of-service[J]. IEEE Transactions on Automatic Control, 2023, 68(8): 4722-4737.

[88] Sun Q, Zhang K, Shi Y. Resilient model predictive control of cyber-physical systems under DoS attacks[J]. IEEE Transactions on Industrial Informatics, 2019, 16(7): 4920-4927.

[89] 卢韦帆, 尹秀霞. DoS 攻击下网络化控制系统基于观测器的记忆型事件触发预测控制 [J]. 控制理论与应用,2022,39(7):1335-1344.

[90] Sun Y C, Yang G H. Robust event-triggered model predictive control for cyber-physical systems under denial-of-service attacks[J]. International Journal of Robust and Nonlinear Control, 2019, 29(14): 4797-4811.

[91] Qi Y, Yu W, Liu Z, et al. Event-triggered model predictive control for switched systems: A memory-based anti-attack strategy[J]. International Journal of Systems Science, 2021, 52(15): 3280-3295.

[92] Wang Z, Zhang B, Xu X, et al. Research on cyber-physical system control strategy under false data injection attack perception[J]. Transactions of the Institute of Measurement

and Control, 2023,DOI: 10.1177/01423312211069371.

[93] Wang J, Song Y, Liu S, et al. Security insense for polytopic uncertain systems with attacks based on model predictive control[J]. Journal of the Franklin Institute, 2016, 353(15): 3769-3785.

[94] 刘坤, 马书鹤, 马奥运, 等. 基于机器学习的信息物理系统安全控制 [J]. 自动化学报, 2021, 47(6): 1273-1283.

[95] Liu Y, Chen Y, Li M, et al. MPC for the cyber-physical system with deception attacks[C].2020 Chinese Control and Decision Conference (CCDC), Hefei, 2020: 3847-3852.

[96] Liu S, Song Y, Wei G, et al. RMPC-based security problem for polytopic uncertain system subject to deception attacks and persistent disturbances[J]. IET Control Theory & Applications, 2017, 11(10): 1611-1618.

[97] Wang J, Ding B, Hu J. Security control for LPV system with deception attacks via model predictive control: A dynamic output feedback approach[J]. IEEE Transactions on Automatic Control, 2020, 66(2): 760-767.

[98] Qin Y, Zhao Y, Huang K, et al. Dynamic model predictive control for constrained cyber-physical systems subject to actuator attacks[J]. International Journal of Systems Science, 2021, 52(4): 821-831.

[99] Wang J, Song Y, Wei G. Security-based resilient robust model predictive control for polytopic uncertain systems subject to deception attacks and RR protocol[J]. IEEE Transactions on Systems, Man, and Cybernetics: Systems, 2021, 52(8): 4772-4783.

[100] Xu Y, Yuan Y, Yang H, et al. The safety region-based model predictive control for discrete-time systems under deception attacks[J]. International Journal of Systems Science, 2021, 52(10): 2144-2160.

[101] Zhu M, Martinez S. On the performance analysis of resilient networked control systems under replay attacks[J]. IEEE Transactions on Automatic Control, 2013, 59(3): 804-808.

[102] Franze G, Tedesco F, Lucia W. Resilient control for cyber-physical systems subject to replay attacks[J]. IEEE Control Systems Letters, 2019, 3(4): 984-989.

[103] Liu J, Wang Y, Zha L, et al. An event-triggered approach to security control for networked systems using hybrid attack model[J]. International Journal of Robust and Nonlinear Control, 2021, 31(12): 5796-5812.

[104] 王誉达. 混合攻击下网络化系统安全控制问题研究 [D]. 南京: 南京财经大学, 2020.

[105] 盛夏. 基于事件触发机制的网络控制系统设计与分析 [D]. 镇江: 江苏大学, 2019.

[106] Singh S, Sharma P K, Moon S Y, et al. Advanced lightweight encryption algorithms for IoT devices: Survey, challenges and solutions[J]. Journal of Ambient Intelligence and Humanized Computing, 2017, 15: 1625-1642.

[107] Nash A L, Pangborn H C, Jain N. Robust control co-design with receding-horizon MPC[C]. 2021 American Control Conference (ACC), New Orleans, 2021: 373-379.

[108] Yang H, Li Q, Zuo Z, et al. Self-triggered MPC for nonholonomic systems with multiple constraints by adaptive transmission intervals[J]. Automatica, 2021, 133: 109870-109878.

[109] Hu X, Yu H, Hao F, et al. Event-triggered dual-mode predictive control for constrained nonlinear systems with continuous/intermittent detection[J]. Nonlinear Analysis: Hybrid Systems, 2022, 44: 101149-101166.

[110] Brunner F D, Heemels W P M H, Allgöwer F. Event-triggered and self-triggered control for linear systems based on reachable sets[J]. Automatica, 2019, 101: 15-26.

[111] Wang Q, Duan Z, Lv Y, et al. Linear quadratic optimal consensus of discrete-time multi-agent systems with optimal steady state: A distributed model predictive control approach[J]. Automatica, 2021, 127: 109505-109512.

[112] Kim Y, Lee H. Fault-tolerant control scheme for satellite attitude control system[J]. IET Control Theory & Applications, 2010, 4(8): 1436-1450.

[113] Song J, Shi D, Shi Y, et al. Proportional-integral event-triggered control of networked systems with unmatched uncertainties[J]. IEEE Transactions on Industrial Electronics, 2022, 69(9): 9320-9330.

[114] Khalil H K. Control of Nonlinear Systems[M]. New York: Prentice Hall, 2002.

[115] Yang Y, Yao X, Xu H. Disturbance-observer-based event-triggered model predictive control of nonlinear input-affine systems[J]. Automatica, 2024, 161: 111504.

[116] Luo Y, Xia Y, Sun Z. Self-triggered model predictive control for continue linear constrained system: Robustness and stability[C]. 2018 37th Chinese Control Conference (CCC),Wuhan, 2018: 3612-3617.

[117] Li W. Practical criteria for positive-definite matrix, M-matrix and Hurwitz matrix[J]. Applied Mathematics and Computation, 2007, 185(1): 397-401.

[118] Wang Q, He Y, Tan G, et al. Observer-based periodically intermittent control for linear systems via piecewise Lyapunov function method[J]. Applied Mathematics and Computation, 2017, 293: 438-447.

[119] Sontag E D, Wang Y. New characterizations of input-to-state stability[J]. IEEE Transactions on Automatic Control, 1996, 41(9): 1283-1294.

[120] Magni L, Raimondo D M, Scattolini R. Regional Input-to-State Stability for Nonlinear Model Predictive Control[J]. IEEE Transactions on Automatic Control, 2006, 51(9): 1548-1553.

[121] Grimm G, Messina M J, Tuna S E, et al. Examples when nonlinear model predictive control is nonrobust[J]. Automatica, 2004, 40(10): 1729-1738.

[122] Li H, Shi Y. Distributed model predictive control of constrained nonlinear systems with communication delays[J]. Systems & Control Letters, 2013, 62(10): 819-826.

[123] He N, Li Y, Li H, et al. PID-based event-triggered MPC for constrained nonlinear cyber-physical systems: Theory and application[J]. IEEE Transactions on Industrial

Electronics, 2024, DOI: 10.1109/TIE.2024.3357846.

[124]   Rajhans C, Patwardhan S C, Pillai H. Discrete Time Formulation of Quasi Infinite Hori-
        zon Nonlinear Model Predictive Control Scheme with Guaranteed Stability[J]. IFAC-
        PapersOnLine, 2017, 50(1): 7181-7186.

[125]   Chen H, Allgöwer F. A Quasi-infinite horizon nonlinear model predictive control scheme
        with guaranteed stability[J]. Automatica, 1998, 34(10): 1205-1217.

[126]   齐荔鹏. 基于事件触发机制的移动机器人预测控制算法研究 [D]. 西安: 西安建筑科技大
        学, 2021.

[127]   Biernacki R, Hwang H, Bhattacharyya S. Robust stability with structured real parame-
        ter perturbations[J]. IEEE Transactions on Automatic Control, 1987, 32(6): 495-506.

[128]   Gao H, Chen T, Lam J. A new delay system approach to network-based control[J].
        Automatica, 2008, 44(1): 39-52.

[129]   Deng Y, Yin X, Hu S. Event-triggered predictive control for networked control systems
        with DoS attacks[J]. Information Sciences, 2021, 542: 71-91.

[130]   Deng L, Shu Z, Chen T. Event-triggered robust model predictive control for linear
        discrete-time systems with a guaranteed average inter-execution time[J]. International
        Journal of Robust and Nonlinear Control, 2022, 32(6): 3969-3985.

[131]   Wang M, Cheng P, Zhang Z, et al. Periodic event-triggered MPC for continuous-
        time nonlinear systems with bounded disturbances[J]. IEEE Transactions on Automatic
        Control, 2023, DOI: 10.1109/TAC.2023.3282066.

[132]   Sun Z, Dai L, Liu K, et al. Robust self-triggered MPC with adaptive prediction horizon
        for perturbed nonlinear systems[J]. IEEE Transactions on Automatic Control, 2019,
        64(11): 4780-4787.

[133]   Heshmati-Alamdari S, Eqtami A, Karras G C, et al. A self-triggered position based
        visual servoing model predictive control scheme for underwater robotic vehicles[J]. Ma-
        chines, 2020, 8(2): 33-57.

[134]   Liu C, Gao J, Li H, et al. Aperiodic robust model predictive control for constrained
        continuous-time nonlinear systems: An event-triggered approach[J]. IEEE Transactions
        on Cybernetics, 2018, 48(5): 1397-1405.

[135]   He D F, Huang H, Chen Q X. Quasi-min-max MPC for constrained nonlinear sys-
        tems with guaranteed input-to-state stability[J]. Journal of the Franklin Institute, 2014,
        351(6): 3405-3423.

[136]   Magni L, Nicolao G D, Magnani L, et al. A stabilizing model-based predictive control
        algorithm for nonlinear systems[J]. Automatica, 2001, 37(9): 1351-1362.

[137]   Marruedo D L, Bravo J M, Alamo T, et al. Robust MPC of constrained discrete-time
        nonlinear systems based on uncertain evolution sets: Application to a CSTR model[C].
        Proceedings of the International Conference on Control Applications, Glasgow, 2002,
        657-662.

[138] Casavola A, Famularo D, Franzè G. Norm-bounded robust MPC strategies for constrained control of nonlinear systems[J]. IEE Proceedings-Control Theory and Applications, 2005, 152(3): 285-295.

[139] He N, Ma K, Li H. Resilient predictive control strategy of cyber-physical systems against FDI attack[J]. IET Control Theory & Applications, 2022, 16(11): 1098-1109.

[140] Gawand H L, Bhattacharjee A K, Roy K. Investigation of control theoretic cyber attacks on controllers[J]. International Journal of Systems, Control and Communications, 2016, 7(3): 273-305.

[141] Sun Z, Dai L, Liu K, et al. Robust MPC for tracking constrained unicycle robots with additive disturbances[J]. Automatica, 2018, 90: 172-184.

[142] He N, Zhang Y, Ma K, et al. Self-triggered model predictive control with sample-and-hold fashion for constrained continuous-time linear systems[J]. Journal of Dynamic Systems, Measurement, and Control, 2023, 145(4): 041001.

[143] Ao W, Song Y, Wen C. Adaptive cyber-physical system attack detection and reconstruction with application to power systems[J]. IET Control Theory & Applications, 2016, 10(12): 1458-1468.

[144] Zhang D, Wang Q G, Feng G, et al. A survey on attack detection, estimation and control of industrial cyber-physical systems[J]. ISA Transactions, 2021, 116: 1-16.

[145] Gholipour Y, Shams E M, Mehriz I. Introduction new combination of zero-order hold and first-order hold[J]. International Electrical Engineering Journal (IEEJ), 2014, 5(2): 1269-1272.

[146] Li W F, Xie Z C, et al. Velocity-based robust fault tolerant automatic steering control of autonomous ground vehicles via adaptive event triggered network communication[J]. Mechanical Systems and Signal Processing, 2020, 143: 1-19.

[147] 王艺, 蔡英凤, 陈龙, 等. 基于模型预测控制的智能网联汽车路径跟踪控制器设计 [J]. 机械工程学报,2019,55(8):136-144, 153.

[148] He N, Shi D. Event-based robust sampled-data model predictive control: A non-monotonic Lyapunov function approach[J]. IEEE Transactions on Circuits and Systems I: Regular Papers, 2015, 62(10): 2555-2564.

[149] 朱硕. 基于模型预测控制的移动机器人轨迹跟踪算法研究 [D]. 秦皇岛: 燕山大学,2020.

[150] Cheon H, Kim T, Kim B K, et al. Online waypoint path refinement for mobile robots using spatial definition and classification based on collision probability[J]. IEEE Transactions on Industrial Electronics, 2022, 70(7): 7004-7013.